数据与现实

（原书第 3 版）

DATA AND REALITY　(third edition)

[美] 威廉·肯特（William Kent）
[美] 史蒂夫·霍伯曼（Steve Hoberman） 著

上海市静安区国际数据管理协会 译

U0125596

机械工业出版社
CHINA MACHINE PRESS

本书将心理学、哲学学科与数据管理结合在一起，以创造有关我们如何感知和管理信息的知识。书中阐述了数据库系统通过数据来捕获现实世界的方式及缺陷，运用非常清晰的逻辑，仔细地描述了信息系统中所表示的现实世界的各个方面，并描述了这些系统中所使用的数据模型、语言、语义和现实世界描述下相对应的哲学问题，深度讨论这些核心概念、信息系统的影响和未知的方面。这本书的价值在于批判性地探索解决现实世界的信息系统建模方法，是一本令读者愉悦并具有启发性的佳作。

DATA AND REALITY, 3rd Edition /by William Kent, Updated by Steve Hoberman/ISBN：9781935504214

Original Content from 2nd Edition Copyright © 2012 by David Kent

Commentary from Steve Hoberman Copyright © 2012 by Technics Publications, LLC

Copyright in the Chinese language（simplified characters）© 2022 China Machine Press

本书由 Technics Publications 通过上海市静安区国际数据管理协会授权机械工业出版社在中国大陆地区（不包括香港、澳门特别行政区及台湾地区）销售。

北京市版权局著作权合同登记图字：01-2022-5913 号。

图书在版编目（CIP）数据

数据与现实：原书第3版/（美）威廉·肯特（William Kent），（美）史蒂夫·霍伯曼（Steve Hoberman）著；上海市静安区国际数据管理协会译.—北京：机械工业出版社，2023.3

书名原文：DATA AND REALITY third edition

ISBN 978-7-111-72753-8

Ⅰ.①数… Ⅱ.①威… ②史… ③上… Ⅲ.①数据管理 Ⅳ.①TP274

中国国家版本馆 CIP 数据核字（2023）第 040781 号

机械工业出版社（北京市西城区百万庄大街22号 邮政编码100037）
策划编辑：张星明 责任编辑：张星明
责任校对：薄萌钰 张 薇 责任印制：单爱军
河北宝昌佳彩印刷有限公司印刷
2023 年 4 月第 1 版第 1 次印刷
170mm×242mm·11.75 印张·141 千字
标准书号：ISBN 978-7-111-72753-8
定价：58.00 元

电话服务 网络服务
客服电话：010-88361066 机 工 官 网：www.cmpbook.com
　　　　　010-88379833 机 工 官 博：weibo.com/cmp1952
　　　　　010-68326294 金 书 网：www.golden-book.com
封底无防伪标均为盗版 机工教育服务网：www.cmpedu.com

本书翻译组

组 长
郑保卫

组 员

禹　芳	刘天雪	刘静莉	刘　晨
温鲜阳	马　欢	王　兵	王　轩
胡继云	侯　莉	刘　泉	李小森
郭　媛	王　佳	甘长华	刘　俊

对本书的赞誉

这是关于描述现实世界固有问题极好的哲学讨论，在此之前没有相关类似的研究，在我看来所有的数据从业人员都应当阅读这本书。

——迈克·森科（Mike Senko），1978

我预计这本书是未来几年引用率最高的书之一。它的独树一帜之处在于，简要但几乎穷尽地呈现了工作中遇到的典型问题。最强的地方是通过精心挑选的例子和清晰的写作风格，将烦琐、令人头疼的数据库技术变得通透易解。

——赖纳·杜尔霍尔茨（Reiner Durcholz），1978

威廉·肯特创作了一部相当出色、非常易懂的精品。他阐述的最重要事情是哲学，且直指一个系统"成功"（无论其含义是什么）的核心和关键概念……。这是一本严谨但不沉重的书，威廉·肯特将难懂的数据库专家的语义环境轻松地表达了出来。

——Datamation，March 1979

《数据与现实》阐述了当今数据库系统通过数据来捕获现实世界的方式及缺陷。作者运用非常清晰的逻辑，仔细地描述了信息系统中所表示的现实世界的各个方面。对系统中所使用的数据模型、语言、语义和现实世界描述下的哲学问题进行了深刻的检视。这些核心概念及其对信息系统的影响，是坊间遍寻不到的……这本书的价值在于批判性地探索解决现实世界的信息系统建模方法。这是一本令读者愉悦并具有启发性的佳作。

——ACM Computing Reviews，August 1980

威廉·肯特以一种非常简洁明了（通常还很幽默）的方式攻击现有数据模型的伪精确性……这本书是写给每一个思考或处理数据文件以及想了解他醒悟的原因的人。

——European Journal of Operations Research，November 1981

我正在使用《数据与现实》作为我当前项目的研究材料。它正在我的桌子上。

——乔塞科（Joe Celko），1998

这本书仍然经常被引用，甚至对今天疲惫不堪的信息科学家来说，它依然有所启示。

——Prof. Dr. Robert Meersman，Vrije Universiteit Brussel，1998

本书聚焦了许多问题，令人尴尬的是，这些问题在我们的正式信息系统中仍然没有得到处理。它提供了一个重要的参考点，不仅是在确定这些问题方面，而且是在指出起源和长期以来简单地忽略它们的做法上。当我重新翻开本书……我发现很多问题似乎和以前一样新鲜。

——罗杰·伯克哈特（Roger Burkhart），约翰·迪尔（John Deere），1998

少数计算和信息管理书籍是基础性质的，不面向特定的技术、方法或工具。《数据与现实》就是这样一本书。书中所描述的概念和方法现在和1978 年一样有效，但仍然经常被忽略，导致系统不是我们想要的样子。

——哈伊姆·基洛夫（Haim Kilov），Genesis Development Corporation，1999

如果不是威廉·肯特，那么我可能已经忘记了那些丰富的、具有代表性的数据只是现实的一种表现，而不是现实本身。在一个每隔10 年左右就要重新发明完美的语义表示语言，来终结所有语义表示语言的世界里，很高兴能在《数据与现实》一书中看到威廉·肯特的影响力。

——理查德·马克·索利（Richard Mark Soley），Ph. D.，CEO，

Object Management Group，1999

我和威廉·肯特最初一起在 ANSI X3H2 数据库标准委员会工作——那是 RDBMS 的开创时期。关系模型仍然是新的，学者们把关系代数作为一种高级抽象概念来研究。我们有集合论、关系；我们有符号学、形式语言和其他概念工具。不过它们从来没有在一起过！我们有轮子多久了？我们有行李箱多久了？那么，为什么要花这么长时间才能给行李箱装上轮子呢？《数据与现实》是第一本通过将所有工具放在一个地方来看待数据的书。我们还在学习中，威廉·肯特已领先于我们了。我设计数据编码方案的工作，受到了这本书的启发。看着第 3 版的史蒂夫心得，我想起了这本书过去和现在是多么的重要。我告诉人们，这就像读一本《孙子兵法》，里面有很好的更新的评论。

——乔塞科（Joe Celko），Author of eight books on SQL，2012

　　威廉·肯特总是有一些深思熟虑的问题。与威廉·肯特交谈会让你意识到，你在与一个比你思考得更久、更深刻的人交流。他在 1978 年就写了《数据与现实》，但它仍然超前于那个时代很多年！我认为威廉·肯特是第一个，当然也是我认识的第一个，理解意义（语义）是通过感兴趣的组件（实际的"东西"）的结构特征来表达的人。在自动化系统领域，IT 很容易理解的是"垃圾输入，垃圾输出"。如果数据的含义没有精确地表达在数据模型的结构中，我敢保证企业的系统中会有很多垃圾！每个人（IT 人员和非 IT 人员）都应该阅读威廉·肯特的书，清理他们的垃圾数据——这是他们欠邻居的！

——约翰·扎克曼（John Zachman），2012

再版说明

我在 2012 年第一次看到这本书的初稿时就非常喜欢。我和肯特是好朋友，我们有许多共同的兴趣和爱好，特别是都对沙漠有谜之深爱。虽然我们在技术上并不总是意见一致，但是我们对技术问题的讨论从不过激，反而常常给我启发。当然，随着这几年里我深入学习，我对肯特这本书的不同意见更多了（如关于关系模型的特征）。不过这是我在吹毛求疵。下面是我写的一段稍加编辑的注释，几年后在我自己的书中引用了它。

这本书以发人深思的角度讨论信息问题……"这本书展现了一种哲学，即生活和现实在本质上是无形的、无序的、不一致的、非理性的和非客观的"（节选自最后一章）。这本书很大程度上可以被看作是现实世界问题的汇编，现有的数据库模式难以处理这些问题。非常推荐阅读。

我今天依然坚持上面的言论。（尽管我不得不说，"现实世界问题汇编"的提法确实提醒了我——我认为肯特不会介意我这样说，而且我一直认为肯特在哲学方面的涉猎，让我想到被气得半死的训练官在一个不循规蹈矩的受训军官的培训结束报告中写的："对于任何一个计划，这个人保证都能找到让它行不通的情况。"）

严肃地说，我很高兴看到这本书以这种方式获得再次出版，希望它能获得很多新的粉丝。对我来说，肯特的形象再次强烈地出现在我脑海里，我能看见他的脸，再一次听见他用粗哑的声音说"如果在那种情况下……"祝这本书获得成功。

克里斯·达特

第 3 版序言

《数据与现实》用一个词挑战了数据建模从业者、教师和研究人员。

这个词是"随意",韦氏词典将其定义为"基于个人偏好……"肯特在全书,尤其是在第一章中使用这个词来描述数据建模者做出的一些最重要决策的特征。

实体的边界是任意的,实体类型的选择是任意的,实体、属性和关系之间的区别是任意的。同样,肯特对这些歧义的词及变体进行了整理(大约 50 次),指出了与数据建模目标、语言和过程有关的重要基本问题。

肯特在 1978 年开始写作时,数据建模还是一门新学科。当时,业界明确了需要发展数据建模理论和实践经验,对关键的数据建模决策能够根植于"个人主观偏好"之外的东西。

从那以后,数百本关于数据建模的书籍和相关论文相继出版和发表,数据建模从业人员积累了丰富的经验。因而我们应当沿着合理的规则和指引前进。但事实并非如此,至少在《数据与现实》关注的领域并非如此。肯特提出的关切点也没有得到进一步的阐述,而是被驳斥了。

相反,就好像醉汉在路灯下寻找丢失的钥匙,只是因为"这里光线好"。我们一直在探索数据建模领域中非基础的方面,特别是数据建模模式设计和评估方面(在一个可悲的缺乏创造和想象力的变体范围内)。唯一凸显的例外是尼杰斯森(Nijssen)、哈尔平(Halpin)和其他几位学长对

"实体-关系-属性"范式的二元替代方法的探索，肯特在第四章和第五章对此做了说明。但是，这些工作导致了新模式的提出。类似地，试图将本体论应用于数据建模研究，关注的是比较形式主义，而不是肯特启发的更深层次的问题。

肯特指出的任意性存在于数据建模的早期阶段——也是我认为最关键的阶段。在此阶段，复杂的现实世界映射到数据建模语言支持的简单结构上。我自己在2002—2006年间针对数据建模从业人员开展了大量的调研工作，在相同情况下数据模型几乎完全不同。更糟糕的是，较多数据建模者没有意识到他们的数据模型的任意性，因此主观地认为其他模型是错误的，而不是客观的、不同视角的观察结果。由于领袖人物之间个人偏好的贡献导致分歧：一些人认为数据建模是固化的，而另一些人则认为数据建模是高度创造性的。

因此，在《数据与现实》出版30多年之后，数据建模人员仍然没有对所开展的建模工作性质，选择实体、属性和关系时应当遵循的准则，以及为什么实施一个可行的数据模型应当优于另一个模型等问题达成明确的共识。

也许我们规避了这些问题，因为它们会引出语法、语义和分类等难题，这些难题传统意义上属于哲学领域，而不是信息技术实践者和研究者的领域。但是，如果我们不准备从路灯下离开，我们就找不到钥匙。

即使数据建模从业人员或研究人员不打算解决这些问题，但至少需要理解这些问题，理解他们工作的挑战和技术的局限性。研究人员需要深入理解实验室工作的缺点，这些工作需要参与者为某种情况开发一个正确的"黄金标准"模型，以及假设对现实世界领域有一个共同感知、认识下的展现形式和质量度量标准。数据建模实践者需要认识到他们所做的任何决定可能与其他数据建模者所做的不同。

　　虽然这些基本问题仍未得到共识和解决，但是《数据和现实》以其清晰且令人信服的方式阐明了这些问题。我在 1980 年以数据库管理员的身份读过这本书，2002 年以研究员的身份读过这本书，最近还在读这本书的最新版本。每次我都会从中发现更多的东西，每次我都认为它是我读过的关于数据建模最重要的一本书。它一直在我推荐的阅读书单中，特别是书的第一章，应该被规定为数据建模从业者的必读材料。

　　在发布这个新版本时，史蒂夫·霍伯曼不仅确保了数据建模这本核心图书仍在推广印刷，而且还增加了他自己的评价和最新的示例，这对刚从事数据建模工作的人来说有很好的帮助。在读完这本书之前，别做更多的建模工作了。

格雷姆·西蒙森

关于格雷姆

　　格雷姆·西蒙森是一名信息系统顾问、教育者和研究员，对数据建模工作有着长期的兴趣。他是《数据建模要素》（*Data Modeling Essentials*）的作者，该书现已更新至第 4 版。他撰写了大量的学术和专业论文，他的博士论文发表在《数据建模理论与实践》（*Data Modeling Theory and Practice*）上。目前，他专注于教授咨询技能，并将编剧作为第二职业。

第 3 版前言

与我一起回到 1978 年。纽约洋基队赢得了世界大赛的冠军，蒙特利尔获得了斯坦利杯的冠军，博格获得了温布尔顿的冠军，阿根廷赢得了世界杯冠军。安妮·霍尔获得了奥斯卡最佳影片奖，《你照亮了我的生活》获得了奥斯卡最佳歌曲奖，今年的最佳唱片是老鹰乐队的《加州旅馆》。我们可以追忆时尚（是的，我确实有一条阔腿牛仔裤）和政治，但是让我们来看看 1978 年的科技世界。

1978 年是科技界里程碑式的一年。索尼推出了世界上第一台便携式随身听（Walkman®）。你在学校里是否酷很大程度取决于与你是拥有一台原装 Walkman®还是廉价的山寨品。同样在 1978 年，伊利诺斯贝尔公司推出了第一个移动电话系统，你还记得"大哥大"手机的第一次出现吗？同年，第一个计算机 BBS 公告系统诞生，我还记得在 BBS 上买过一台二手冰箱。同样具有里程碑意义的是《太空入侵者》首次亮相，电子游戏的热潮由此开始。

在开启便携式音乐、手机、在线商务和电子游戏时代之外，1978 年也是数据管理的里程碑年份，关系型模型相比分层模型和网络模型取得了巨大的成功：Oracle 版本 1 在 1978 年正式发布，它是用汇编语言编写的，在

128K 内存上运行。其版本 2 在 1980 年成为第一个使用 SQL 的商用关系数据库。同样在 1978 年，威廉·肯特撰写了《数据与现实》。

我不想谈论 1978 年的鸡蛋和房价要多少钱，但重要的是 1978 年是种子种下的萌芽时期，这些种子如今已经长成巨大的树木，我们今天拥有了不起的技术。例如，从随身听到 iPod，从重达 20 磅的手机到信用卡大小的手机，从 BBS 公告板到亚马逊和 eBay 在内的 10 万家虚拟商店，从只有多条列柱状的关系数据库到 XML、NOSQL……毫无疑问，自 1978 年以来，我们已经在科技方面取得了惊人的进步。

因此，你可能会认为 1978 年以来的任何技术都是史前的、无用的，甚至可能在今天是可笑的。但是，《数据与现实》却并非如此。

《数据与现实》这本书吸引我的是大量的参考资料。这些资料在今天的数据管理中仍然与我们直接相关，它是一本特殊的书——不是一本关于数据管理"如何做"的书（如规范数据属性或是创建数据库），而是一本关于数据管理"如何思考"的书。《数据与现实》将心理学和哲学与数据管理巧妙地融合在一起。我们在 1978 年关于如何认知和管理信息的问题，与我们今天如何看待信息没有什么不同。这本书是技术独立的，从而不过时，无论我们是 20 世纪 70 年代的数据处理专家还是现代的数据分析师、数据建模师、数据库管理员或是数据架构师。

这种将人的思考应用于一门学科并在该学科下展示"思维游戏"的概念，可以被定义为一个研究领域。事实上，我在写这段文字的时候休息了一下，然后走到我的书架前，在那里我看到了其他学科的"思维游戏"书籍。有趣的是，这些书都是 20 世纪 70 年代写的，如今依然有用。

——杰拉尔德·温伯格（Geraid Weinberg）于 1971 年撰写的《计算机编程心理学》（*Psychology of Computer Programming*）一书，其内容至今仍

然有用。所有关于软件开发中人类思考的观点，例如，自我、谦逊，在今天都和这本书写的时候一样有效。

——W. 蒂莫西·盖威（W. Timothy Gallwey）于1974年撰写的《网球的内心世界》（*The Inner Game of Tennis*），今天人们仍然可以从中学到令人惊异的专注力和脑力游戏技巧。当我的女儿们继续掌握这个思考游戏时，我会教她们如何看待自我1（"讲述者"）和自我2（"实干者"）你在球场上的成功与内心的想法有直接相关性。

——弗雷德里克·布鲁克斯（Frederick Brooks）在1974年写了关于软件工程的《人月神话》。许多关键的信息，如项目团队的沟通价值，直到今天依然应用在项目团队的沟通中，无论是传统瀑布式方法还是敏捷方法都涉及了。

这本书是为需要了解"数据思维"的人写的。如果你的职责中涉及数据提取、数据分析、数据建模、数据设计、数据开发、数据运维、数据治理或管理使用和修改数据的应用程序，那么你需要了解数据思维并阅读本书。

这本书会让你思考！下面以肯特的序言开始。在序言中，肯特将自己的生活与存在、实体、属性、关系、行为和建模概念联系起来，为你们准备好对这些术语的讨论。我将使用一个账户示例将这6个术语中的每一个要素与数据建模联系起来，并在这里介绍如何理解数据模型。

想象一下，你进入一家银行，开立了一个账户。如果你之前不是银行的客户，那么你现在是银行开户后的客户。

肯特首先使用术语"存在"，如果你没有账户，你作为客户是否存在于银行的世界中呢？如果你不存在，你的账户是否存在呢？

肯特接下来使用了术语"识别"，银行需要知道你的账户信息才能识别你吗？也就是说，如果你的名字是鲍勃·琼斯，而且这家银行有两名鲍勃·琼斯，你的账户信息能把你和另一名鲍勃·琼斯区分开来吗？银行需要知道你的信息来确认你的账户吗？

肯特接着使用术语"属性"。作为一个客户，你需要了解什么是重要的。对于你的账户，它可以是你的名字、生日和地址，也可以是你的账户号码和你被收取费用之前的最低月余额。

肯特介绍术语"关系"。你可以拥有很多账户吗？你刚刚开通的账户只属于你自己，还是与他人（如配偶）共同拥有呢？

"行为"是又一个术语，你现在是顾客了，该怎么办呢？你的账户是做什么的？如你的账户现在可以存款和取款。

关于肯特的最后一个术语"建模"，如何将上述问题的答案以易于理解的图形精确地表示出来，以便拥有一个有效的沟通工具呢？例如，如果你作为一个客户，可以不拥有任何账户，也可以拥有一个或多个账户，并且一个账户只能存在于单个客户关系的情况下，那么数据模型的结果：

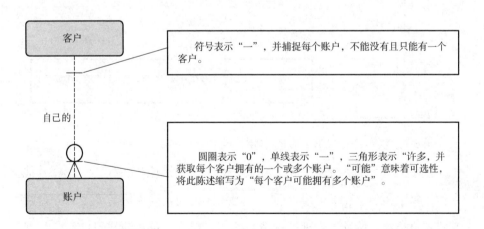

但是，如果客户不拥有至少一个账户就不能存在，那么这就导致数据模型是这样的结果：

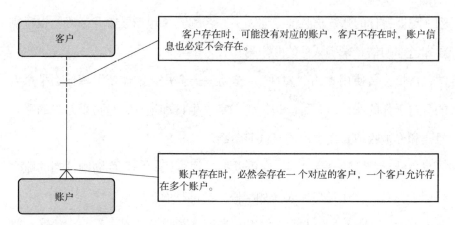

如果一个客户存在，可能没有对应的账户，也可能对应多个账户。同样一个账户存在，并不依赖于客户，可能没有对应的客户，如果存在，仅对应一个客户。那么数据模型就是这样的展示：

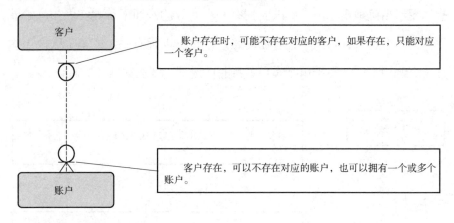

第 3 版与第 1 版和第 2 版的主要不同：

1. 我在每章都增加了评论。主要是为了区别于原文，我的评论用其他字体，紧跟在与之相关的段落后面。增加评论的主要原因有两个：一是将某些术语更新，帮助读者理解肯特的重要思想；二是用我自己的经验扩展肯特的主要思想。我评论的总体目标是确保你能从这本书中获得尽可能多的知识。

2. 每章的结尾增添了"史蒂夫的心得"。这些是我通过学习每章内容而获得的关键信息。你可以用这些信息来巩固你从该章节获得的知识，或者作为与同事们进行头脑风暴的开始，从每章学习中提炼你自己的观点。

3. 我删除了书中与 1978 年相比不太相关的几个章节，同时更新了术语和参考资料，并在适当的地方增加了脚注。

我建议读者在阅读每章后，提出自己的观点。欢迎与我分享您的理解，我很感兴趣。

享受，并开始学习吧！

史蒂夫·霍伯曼

关于史蒂夫·霍伯曼

史蒂夫·霍伯曼（Steve Hoberman）目前是数据建模顾问和讲师。他在 1992 年讲授了他的第一堂数据建模培训课，从那时起，已经向超过 1 万人传授了数据建模和商务智能技术方面的知识。史蒂夫在正式和精准的数据建模与构建软件系统面临的时间、预算、人员紧缺等现实问题之间做了很好的平衡。在咨询和教学中，重点关注模板、工具和指引原则，以最少的投资获得最优的数据建模。史蒂夫写了 5 本关于数据建模的专业书籍，他是数据建模设计挑战小组的创始人，数据模型记分卡®的发明者。

第 2 版前言

尽管评论界对这本书赞誉有加，但除了一小部分热心读者之外，这本书20多年来一直默默无闻。出版商最近表示，如果我能提供一个新的修订版，他们将以更大的力度推广和发行这本书，但我拒绝了。懒惰可能被视为借口，但我开始意识到还有更好的理由。

新的修订版可能会错过这本书的要点。许多文本和参考著作可使您保持在数据处理技术的前沿。这不是这本书的主旨。本书探讨了人类如何感知和处理我们所处世界的信息，以及我们如何努力将这种观点强加于数据处理机器这个永恒的问题。无论我们使用分层⊖、关系还是面向对象⊖的信息结构，这一级别的关注点是相同的；无论我们是通过穿孔卡片机还是交互式图形界面处理数据⊖；无论我们是通过纸质邮件还是电子邮件通信；无论我们是从纸质目录还是网上购物。无论使用什么技术，都必须了解这些潜在问题。不解决这些问题会危及应用程序的成功，不管您使用的是什么工具。

这并不是说这本书的技术矩阵已经过时。数据记录仍然是我们组织计算机信息的一个基本组成部分。书中探索新模型的部分，包括行为元素，

⊖ 如 XML 样式表。
⊖ 如统一建模语言（UML）用例或类图。
⊖ 如网页上的表单。

是面向对象的前身。

这本书的范围超出了计算机技术。这些问题与其说是关于我们如何处理数据，不如说是关于我们如何感知现实，以及我们用来应对复杂性、模糊性、不完整信息、不匹配观点和冲突目标的构造和策略。

你可以出于这些原因或其他原因阅读这本书。几年前，也就是这本书出版将近 20 年后，我开始注意到这本书也涉及了一些其他的东西，一些更私人的东西。这本书的范围不仅从计算机数据处理扩展到我们如何感知世界的领域，它也延伸到我们的内心世界。我逐渐意识到，它触及了我内心生活中的一些问题，就像我们大多数人一样，在某种程度上，几十年来一直在努力解决这些问题。

考虑关键主题：存在、身份、属性、关系、行为和建模。

• 存在：我思故我在就足够了吗？在多大程度上，我是真正的存在，并参与到我周围的生活过程中？我所经历的物质上的东西有多真实？在多大程度上，我存在于某种独立于物质环境的精神领域？

• 身份：古老的 "我是谁？" 我是哪种人的真正本质是什么？什么样的需求、目标和前景定义了我的真实身份？

• 属性：我是一个怎样的人？我的价值、我的资产、我的局限是什么？

• 关系：这是一切的核心。我与父母、爱人、孩子、兄弟姐妹、朋友、同事和其他熟人的互动质量如何？我与物质的、社会的、精神的以及其他事物的联系是什么？我在这里需要什么？问题是什么，如何改进？

• 行为：在不同的情况下我应该计划做什么以及怎么做？可能的后果是什么，不管是有意的还是无意的，需要预期哪些突发事件？

• 建模：我用来解释所有这些事情的构造有多准确和有用？这些解释

在帮助我改变需要改变的方面有多有效？

这本书当然不应该被归为社会科学，但观察到技术问题是如何作为我们内心生活的隐喻而引起共鸣是很了不起的。这种观点似乎解释了为什么我如此密切地参与这些想法，为什么我在标准委员会会议上和在会议的走廊上如此热烈地讨论它们。

> 肯特（Kent）并不是孤军作战的。数据管理行业充满了热情的人。例如，当我参加数据管理会议时，我看到同样的人年复一年地不断努力，（有时甚至战斗！）以提高组织内的数据质量和数据管理水平。当我们听到开发人员如何完全无视数据建模的故事时，我们会面红耳赤；当我们听到项目按时交付并在预算内完成的成功故事时，会鼓掌喝彩。是的，团队也做了相当好的数据建模工作。

> 另一个故事也说明了人们对数据管理的热情。几年前，我在一个会上和其他数据建模师一起评论我的一个模型，会议室里有一名建模师对模型的一个观点进行了激烈地辩论，以至于她从座位上站起来，站在桌子上声明她的立场——这就是我们这个领域的激情所在。

我重复这本书最初序言中的邀请，去发现对你自己而言可能会认为这本书是关于什么的。这可能是关于你的。但是，如果你觉得这太过于倾向大众心理学了，侵犯了你的个人空间，那么就阅读它，了解它对数据处理和现实的见解。

威廉·肯特于 2000 年

第 1 版前言

给地图绘制者的一个信息：高速公路没有涂成红色，河流中间没有县界线，你也看不到山上的等高线。

这句开场白总结了为什么地图令人惊叹。即使地图上的符号和文字看起来与它们所代表的完全不同，我们也可以阅读地图并知道它所代表的内容是什么。地图是一组符号和文本，用一种视觉上简单的表示来解释复杂事物。

地图简化复杂的地理环境的方式与数据模型简化复杂的信息环境的方式相同（有关数据建模的更详细解释，请参阅

《数据建模经典教程（第 2 版）》，该书由技术出版社（Technics Publications）于 2009 年出版）。在法国地图上一条线代表一条高速公路。在数据模型上包含单词"Customer"的矩形表示真实客户的概念，如 Bob、IBM 或 Walmart。数据模型是一组符号和文本，它精确地解释了真实信息的子集，以改善组织内部的沟通，从而创造更灵活和稳定的应用程序环境。

也许我们每天使用的最常见的数据模型形式是电子表格。电子表格是纸质工作表的表示形式，其中包含由行和列定义的网格，网格中的每个单元格可以包含文本或数字。这些列通常包含不同类型的信息。然而，与电子表格不同的是，本书关注的是数据模型：

●只包含类型。数据模型通常不会显示实际值，如"Bob""Saturday"。数据模型显示概念或类型。因此，数据模型将显示实体类型"Customer"，而不是显示实际值"Bob"；显示属性"Day of Week"，而不是实际值"Saturday"。

●包含交互。数据模型捕捉概念之间如何相互作用。例如，一名客户可以拥有一个或多个账户，而一个账户必须由一名且只能由一名客户拥有。

●提供简洁的沟通媒介。一张包含数据模型的纸比一张包含电子表格的纸更能传达信息。数据模型显示的是类型，而不是实际值，它们使用简单而强大的符号来沟通交互。我们可以使用数据模型而不是电子表格，以更简洁的格式捕获客户账户区域内的所有类型和交互。

一段时间以来，我的工作涉及计算机中信息的表示。这项工作涉及文件组织、索引、层次结构、网络结构、关系模型等。过了一会儿，我才明白，这些都只是地图，是一些真实底层地形的拙劣人工近似。

这些结构为我们提供了处理信息的有用方法，但它们并不总是天生适合，有时甚至根本不适合。就像不同类型的地图一样，每种结构都有其优点和缺点，服务于不同的目的，并在不同的情况下吸引不同的人。数据结构是人为的形式。它们与信息的不同之处在于，语法不能描述我们实际使用的语言，形式逻辑系统也不能描述我们的思维方式。"地图不是疆域" [Hayakawa]。[⊖]

疆域到底是什么样子的？我该如何向你描述？我给你的任何描述都只是另一张地图。但我们确实需要一些语言（我指的是自然语言）来讨论这个主题，并阐明概念。"实体""类别""名称""关系"和"属性"等结构似乎很有用。它们至少给了我们一种方式来组织我们对信息的认知和讨论的方式。从某种意义上说，这些术语代表了我感知真实信息的"数据结构"或"模型"的基础。后面将讨论这些结构及其中心特征，特别是在试图精确定义或应用它们时所涉及的困难。

在这一过程中，我们隐含地提出了一个假设（通过大量的例子，而不是任何形式的证明，这种假设是无法证明的）：可能没有足够的正式建模系统。信息的"真实"本质可能太无定形、太模糊、太主观和难以捉摸，以至于无法被计算机中体现的客观性和确定性过程准确地确定下来。（至少在我们今天所看到的计算机的传统用途中是这样；人工智能的未来发展

⊖ 参考文献索引标识。

可能会赋予这些机器更多的应对能力。）这遵循了 Zemanek 指出的路径，将数据处理与对现实世界的某些哲学观察联系起来，特别是语义最终依赖于人类判断的各个方面 [Zemanek 72]。

尽管存在这样的困难（因为我认为没有其他选择），但是我们也开始探索这些结构可以并且已经被纳入各种数据模型的程度和方式。我们关注的是真实的信息，因为它发生在人与人之间的互动中，但始终着眼于在基于计算机的系统中对信息进行建模。

问题是：出于这个目的感知信息的有效方法是什么呢？什么结构对于组织我们思考信息的方式有用？在基于计算机的信息模型中，是否可以使用这些相同的构造？它们在当前建模系统中的反应如何？当前使用的数据模型中的信息视图被过于简化了多少？建模信息的任何构造系统的有效性是否受到限制？

尽管我对形式建模固有的局限性有所猜测，但我们确实需要模型来处理信息。请记住，我不是在非常广泛的意义上谈论"信息"。我不是在谈论雄心勃勃的信息系统。我们的探讨不是在人工智能领域，那里的目标是与人类思维的智力能力（推理、推断、价值判断等）相匹配。我们甚至没有尝试处理散文文本；我们不是试图理解自然语言、分析语法或从文档中检索信息。我们主要关注在大多数当前文件和数据库中管理的那种信息。我们关注的是大量出现、永久维护并具有一些简单结构和格式的信息。示例包括人事档案、银行记录和库存记录。

虽然我们的探讨不是在人工智能领域，但属于"商业智能"领域。商业智能是将数据转化为信息的过程，因此业务专业人员可以做出更明智的业务决策。除了传统的结构化资

源之外，今天的信息还包括理解自然语言和从文档中检索信

息。例如，在搜索博客帖子和讨论组以获取对某个产品的反

馈时。

即使是这个适度的领域也为误解信息所表示的语义提供了充足的机会。

在这些范围内，我们专注于描述某些系统的信息内容。涉及的系统可能是一个或多个文件、数据库、系统目录、数据字典或其他东西。我们仅限于此类系统的信息内容，不包括以下问题：

- 实际实施、代理技术、性能。
- 数据的处理和使用。
- 工作流、事务、调度、消息处理。
- 完整性、恢复性、安全性。

数据模型确实呈现了有所筛选和不完整表示的业务领

域。数据模型是一组符号和文本，用于以易于理解的方式表

示信息。然而，易于理解的视觉效果只关注信息，而忽略了

现有或假设系统的其他有用特征，如业务流程。又如，数据

模型将捕获客户必须至少拥有一个账户，但不会捕获该客户

如何开设账户的过程。

对寻求指导的外行读者的提醒：这本书不是关于数据处理的。尽管这些概念看起来很明显，但它们并没有反映在数据处理系统的当前状态中或者只是模糊地理解在当前状态中。"我们似乎没有一套非常明确和普遍认同的关于数据的概念——无论它们是什么，它们应该如何被保养和维护，

还是它们与编程语言和操作系统设计的关系"［米利］。一篇已有 10 多年历史的经典论文的开篇段落，至今仍然令人痛心。

> 米利（Mealy）1967 年在一篇文章中写的内容。不幸的和令人难以置信的是，我相信今天仍然如此！

这里有一个奇妙的讽刺。我可能正在努力克服计算机行业之外的人一开始就没有的误解。许多读者会发现，我所说的关于我们对现实的感知的本质方面，几乎没有什么新的东西。这样的读者很可能会思考"究竟有什么新鲜的呢？"对他们来说，我的观点是，计算界在很大程度上忽视了这些真理。它们与计算学科的相关性需要重新确立。

> 在同一组织内，信息技术部门与组织其他部门之间经常存在"差距"。根据肯特的评论，计算界（现在简称信息技术部门或 IT 部门）已经"忽视了这些真理"，我认为这一差距很大程度上是由于对技术和信息的不同看法所造成的。许多业务专业人士将信息技术视为一种能帮助他们更好地了解业务，从而以某种方式改进其组织的工具。然而，许多 IT 部门仍然将信息技术视为必要的成本中心，以保护和缓冲业务专业人员免受系统和信息的影响。当计算机是新的、复杂的、令人恐惧的时候，这种作为保护者的观点很有效。但如今，技术更加人性化，商业专业人士也更加精通技术。
>
> 我强烈推荐《信息技术的 IT》（*IT for information technology*）这本书，这是一本探讨商业和 IT 差距的好书。书中某处，首席执行官对首席信息官说："你知道我刚刚意识到了我多年

来一直对 IT 感到疑惑的一件事吗？为什么没有人真正重视你
所做的事情"［Potts 08］。在本书中的这段对话之前，发生了
一些事件，这些事件最终使首席信息官实施了一种不同的运营
模式，从而使 IT 更多地被视为一种投资，而不是成本中心。

数据处理社区的人们已经习惯了以高度简单的方式看待事物，这取决
于他们所拥有的工具。这可能意味着另一个奇妙的讽刺。人们对计算机的
高水平和复杂性感到敬畏，并倾向于认为这些东西超出了他们理解范围。
但这种观点完全是倒退的！让计算机如此难以处理的不是它们的复杂性，
而是它们的绝对简单性。首先应该向公众解释的是，计算机所拥有的普通
智能极其有限。计算机背后真正的神秘之处在于，任何人都能从有限的基
本能力中获得如此精细的行为。例如，想象一下，一个人只能听懂语法上
完美的句子，却无法理解口语或者人们以正常方式在讲话中重新开始的语
句，甚至看不到我们自动纠正的微不足道的排版错误。理解计算机的第一
步是欣赏其简单性，而不是其复杂性。

然而，另一个想法是：我把太多的注意力放在计算机和计算机思维
上，这可能会走错方向。关于数据语义的许多担忧似乎与任何记录保存设
施有关，无论是否计算机化。我想知道为什么在计算机化的数据库环境
中，这些问题似乎更加严重。这是否被过度放大了呢？也许现在有比以前
更多的人需要对数据的含义达成共识。还是失去了人性元素？也许所有那
些与秘书和职员的对话，关于事情在哪里以及它们的含义，对系统来说比
我们意识到的更为重要。还是有其他解释吗？

肯特在这里提出了一个非常重要的问题：当涉及计算机
系统时，为什么问题会更大？我认为，当使用系统而不是纸

笔时，导致数据问题被放大的原因有 3 个：系统复杂性、角色专业化和陈旧思维。

系统复杂性意味着在大多数组织中，存在多个应用程序，每个应用程序都有不同的用途。例如，我在电话公司工作时，估计我们公司订阅用户的姓名和电话号码存在于 250 多个不同的地方。各职能部门构建自己的应用程序，并创建和重新创建相同的数据，通常具有不同的约束和定义，这在组织层面造成了难以置信的复杂性。当一个组织并购另一个组织时，这种系统复杂性变得更加突出。而这种情况越来越频繁。

角色专业化意味着随着公司的发展，知道一切的人越来越少，而只知道自己专业领域的人越来越多。15 年前了解整个订单和履行流程的业务人员今天可能只需要了解订单到现金流程。因此，如今很少有人知道"大局"，有时甚至在同一部门内也会引起沟通问题。

陈旧思维意味着一些商业专业人士将他们的工作方式等同于他们使用的软件。而且软件的更改比业务流程的更改频繁得多，这导致业务专业人员不断地重新思考业务流程。例如，如果 Bob 用诸如"首先我登录系统 XYZ，然后单击此处查看信用条款"之类的短语解释订单到现金流程，并且系统 XYZ 被另一个系统取代，那么业务流程可能会保持不变，但从 Bob 的观点来看，它肯定会发生变化。

本书的流程通常在两个领域之间交替，即现实世界和电子世界。第一章是关于真实信息的世界，探讨"实体"概念中的一些谜团。第二章简要介绍了计算机领域，讨论了正式结构化信息系统的一些一般特征。这让我们大致了解了这两个领域对彼此的影响。第三章到第六章讨论真实信息的其他方面。第七章和第八章涉及数据处理模型，让我们回到电子世界。在第九章中，我们以一些哲学观察作为结尾。

这本书其余部分所包含的内容都是（一种）近似观点的描述。请继续阅读，以发现你可能认为这本书是关于什么的。

我要致谢那些花时间评论（并经常参与）本材料早期版本的人们，包括玛丽莲·波尔（Marilyn Bohl）、泰德·科德（Ted Codd）、克里斯·戴特（Chris Date）、鲍勃·恩格尔斯（Bob Engles）、鲍勃·格里菲思（Bob Griffith）、罗杰·霍利迪（Roger Holliday）、露西·李（Lucy Lee）、雷恩·利维（Len Levy）、比尔·麦吉（Bill McGee），葆拉·纽曼（Paula Newman），和里奇·塞德纳（Rich Seidner）。致谢夏威夷大学政治学系的乔治·肯特（George Kent），他从计算机专业之外的有利角度提供了宝贵的观点。致谢我们的图书馆馆长凯伦·塔克·奎因（Karen Takle Quinn），他在查找许多参考资料方面提供了极大的帮助。感谢北荷兰的威廉·迪克胡伊斯（Willem Dijkhuis）对本书出版的大力鼓励。

非常感谢我的妻子芭芭拉（Barbara），她帮助这本书变得更具可读性，她为这本书付出了比其他人更多的努力和牺牲。

威廉·肯特于 1978 年

史蒂夫心得

● 地图简化了复杂的地理景观，就像数据模型简化了复杂的信息景观一样。

- 数据模型是一组符号和文本，可以精确解释真实信息的子集，以改善组织内的沟通，从而带来更灵活和稳定的应用环境。

- 我们关注的是发生在人与人之间交互中的真实信息，但始终着眼于在基于计算机的系统中对该信息进行建模。

- 数据模型以不显示数据之外的所有内容为代价呈现简化视图，如流程。

- "关于数据我们似乎没有一套非常明确且普遍一致性的概念——无论是它们是什么，它们应该如何被保养和维护还是它们与编程语言和操作系统设计的关系。"1967年如此，今天仍然如此。

- 当心许多组织中存在的信息技术/业务差距。这至少部分是由于我们对技术和信息的过时信念。

- 当涉及计算机系统时，由于系统的复杂性、角色专业化和思维陈旧，围绕数据语义的问题变得更大。

目 录

　　什么是事物、实体；现实工作中如何抽象产生实体单一性、相同性和分类的概念；数据模型中建模的对象是什么。

　　从对数据的描述角度来看，信息系统的本质是什么，给出记录与代表的概念区分。

　　深入探讨数据如何通过命名来表示，列举命名的各种方法论与规范，区分符号与事物本身的不同性质，以及如何界定数据命名术语中的同义词功能。

第一章 实　体

　　"实体（Entities）是一种思想上的认知。没有两个人对现实世界的看法是一致的。"——Metaxides

　　信息系统（如数据库）是现实世界的一个小型、有限子集的模型。我们希望信息系统内部结构和现实世界中的构造之间有一定的对应关系。例如，我们希望每名受聘于公司的员工档案中都有一条记录。如果员工在某个部门工作，我们希望能在该员工的记录中找到该部门的编号信息。

　　所以，我们的第一个概念是信息系统内部事物和现实世界中事物之间的对应关系。在理想情况下，它们是一对一的对应关系，也就是说，我们可以在信息系统中标识出代表现实世界中某个事物的单一结构。

　　即使是这样简单的期望也不是那么简单。首先，在信息系统中用什么结构来表示这些信息是很难的。它可能是一条记录（不管是什么意思），或者是某条记录的一部分，或者是几条记录，或者是一个目录条目，或者是数据字典中的一个主题，或者……，暂时把它称为代表（representative）好了。让我们稍后再回到这个话题。相反，让我们来探究一下，我们到底有多了解我们想要它代表的东西。

　　正如一位老师说的，在开始编写数据描述之前，我们应该暂停一下，理清思路。在开始设计或使用数据结构之前，应该考虑一下我们想要表示的信息。我们对这些信息是什么样子有一个非常清楚的概念吗？我们对所涉及的语义问题很好地掌握了吗？

业务和 IT 专业人员都需要阅读一下《银河系漫游指南》这本书。虽然这是一本科幻小说，但我相信其中的一部分是以现实为基础的。在书中的某个时刻，远离地球数百万英里（1 英里≈1609 米）的行星上的居民决定建造最智能的计算机。当他们建造完成时，这台计算机占据了整个城市空间。当他们启动这台名为"深度思考"的计算机后，他们问"深度思考"的第一个问题是，"生命、宇宙和一切事物的答案是什么？"计算机以单调的声音回应道："我会给你答案的。"然后经过 750 万年运算后，该计算机吐出数字"42"。这本书的其余部分以及随后的系列丛书，都在试图揭示为什么"42"才是生命意义的答案。

"生命、宇宙和一切事物的答案是什么？"是一个糟糕的业务问题。业务需求在哪里？这些居民到底想知道什么？目前还不清楚。即使是在宣布了 42 这个数字之后，该计算机也深谋远虑地补充到："老实说，我认为问题是，你们根本不知道问题是什么。"

我们一直这样做。我们没有花时间去理解业务需求，而是用硬件和软件来解决问题。"在我们看来，我们有一个很大的集成问题，让我们购买一套 ERP 系统来解决它吧。"软件并不能解决我们的全部问题，仍然需要我们去解决集成问题最难的部分，然后 ERP 系统为我们存储而不是发现这种集成状态。在做商务智能应用解决方案时，我们不去识别业务需求，而是去查找现有的报表工具，认为这样可以解决问题。然而，制定解决方案是一项非常困难的任务，必须从业务中获取需求并找出真正需要构建的东西。所以在你的项目中，应不断询问自己，即肯特在前面问过我们的问题："我们对所涉及的语义问题很好地掌握了吗？"

成为数据结构专家就像成为语言的语法专家。如果你想表达的思想都是混乱的，那么表达的内容就没什么价值了。

系统中的信息是人与人之间交流过程的一部分。思想在头脑中流动；这是个从概念到自然语言再到规范语言（机器系统中的结构）的翻译，然后再反向回来的过程。某个过程的观察者或参与者认识到某个人已被某个部门聘用。观察者把这个事实记录在一个数据库里，稍后其他人可以到这个数据库中询问这个被记录的事实，从中得到某些想法。提取出来的想法和原始观察者头脑中的想法之间的相似性不仅仅取决于信息被记录和传输的准确性，还很大程度上取决于参与者对"某个人""某个部门"和"受聘于"等词汇基本含义的共同理解。

思想的流动和我们小时候玩的打电话游戏没什么两样。第一个孩子在下一个孩子的耳边轻声说句话，当这个句子从一个孩子依次转到另一个孩子的时候，句子的变化越来越大，以至于第一个孩子听到他的句子完全改变成为导致周围人大笑的一句话。然而，当不同的解释导致不可预见的成本付出、机会丧失、信誉和品牌知名度受损时，通常不会有笑声。阅读任何一家主要报纸的头版，都可以证明对同一思想流的不同解释会付出多么大的代价。能够以清晰和共同的理解方式进行思想交流，这是应用系统成功的关键。

一个事物

什么是一个事物（one thing）？

看起来，这似乎是一个琐碎、无关紧要、无事生非、荒谬的问题。其实不是这样。这个问题表明了在我们思考和谈话的方式中存在的模棱两可和误解是多么严重。

看一个数据库的经典案例：零件和仓库。我们通常假设的语境是，每个零件都有一个零件号，并且在不同的仓库存储不同数量的零件。注意，是一个事物的不同数量，那么是一个还是多个？显然，案例中假设零件（Part）是指一种零件类型，它可能有许多物理实例。（当我们把两个物理事物称为"同一事物"时，我们的意思是"同一种类"，同样的模糊表达经常出现在自然语言用法中。）这是一个非常有效和有用的观点。例如，在库存文件中，我们对每种事物都有一个代表（记录），不准确地说所有存在的事物都是一个事物的集合。（我们也可以这样说，代表性并不是要对应于任何一个物理对象，而是要对应于一种对象的抽象概念。尽管如此，我们确实使用了"零件"一词，而不是"某种零件"。）

现在看另一个质量控制应用程序，它也处理零件信息。在这个语境中，"零件"是指一个物理对象，每个零件都要进行特定的测试，并且每个零件的测试数据分别保存在数据库中。现在每个物理对象在信息系统中都有一个代表，其中许多可能具有相同的零件号。

为了整合库存和质量控制应用程序的数据库，相关人员需要认识到，有两种与"零件"相关却不同的"事物"概念，并且这两种代表必须协调一致。必须制定一个约定，以便信息系统可以处理两种代表：一种表示零件类型，另一种表示某个零件实体。

希望您现在相信，我们必须深入研究数据描述的基本语义问题了。

我们面对的是一种自然的、含糊不清的语言。作为人类，我们以一种基本上是自动的和无意识的方式来解决语言中的模糊性问题，这缘于我们理解文字的语境。当一个数据文件只为一个应用程序服务时，只有一个语境，用户通过适合于该语境的单词解释来自动解决歧义。但是，当文件集成到一个为多个应用程序服务的数据库中时，这种歧义解决机制就会失效。适用于一个应用程序语境的假设可能不适合其他应用程序的语境。这里有几个基本概念我们必须明确：

- 单一性（Oneness）：什么是一个事物？

- 相同性（Sameness）：什么时候说两个事物是相同的或是同一个事物？变化如何影响到事物的身份？

- 分类（Categories）：它是什么？我们认为事物属于哪种类别？我们认可哪些类别？它们的定义如何？

作为分析师和建模人员，几乎在每一个项目中，我们都面临"单一性""相同性"和"分类"的问题。单一性意味着对我们所指的内容做出清晰而完整的解释。相同性意味着调和同一术语的冲突观点，包括变更术语（以及变更类型），即是否将术语转换为新术语。分类意味着为某个术语指定了正确的名称，并确定它是数据模型上的实体类型、关系还是属性。

以大学的语境来看"学生"。单一性包括为"学生"一词提出一个清晰而完整的定义。相同性在于协调招生部和校友事务部对"学生"一词的定义。目前这两个词的含义截然不同。入学申请考虑的都是学生，包括高中生和从其他大学转学来的学生。校友会认为只有从这所大学毕业的学生才是学生。类别包括确定"学生"应该是一个实体类型还是特定人扮演的角色，也就是学生应该如何在图表上被描述。

有趣的是当大多数人想到"数据建模"时，他们想到的是类别，也就是说，我们如何在图上表示这个东西？实际上，此类活动只占数据建模人员的一小部分时间。达到单一性和相同性的过程几乎需要付出所有的努力。事实上，在一些组织中，这部分工作是如此巨大，以至于它被划分为不同的角色，其中数据建模人员负责单一性，数据架构师负责相同性。

单一性、相同性和类别彼此紧密地交织在一起。

单一性（什么是"一个事物"）

以"书"为例，一个作者写了两本书，书目数据库将有两个代表。（你可以暂时把一个代表看作一条记录）如果一家图书馆的每本书都有 5 个可以用于借阅的副本，那么记录中就会有 10 个代表。在我们认识到这种模糊性之后，试图谨慎地采用一种惯例使用"书"和"副本"来表达这两个词，但这不是自然的用法。当你真的想知道图书馆总共有多少实体书的时候，你能理解"图书馆有多少个副本"这个问题吗？

"书"这个词还有其他含义，可能会妨碍数据库的顺利整合。"书"往往是硬封面的，而软封面的，如手册、期刊等则不同。因此，手册可能在一家图书馆被归类为"书"，但在另一家图书馆则不是。我无法总是肯定会议文献是否算作一本"书"。

"书"还可以由几个物理单位结合在一起。因此，一部长篇小说可以分两个部分印刷。当我们认识到这种模糊性时，有时会试图使用"卷"这个词来避免这个问题，但大家的用法并不总是一致。有时几"卷"被装订成一本物理的"书"。我们现在有了一些似是而非的理解：一个作者写了一本书，图书馆书名记录中有两本书（第一卷和第二卷），图书馆书架上有 10 本书，每卷有 5 个副本。

顺便说一句，有时也会发生相反的情况。例如，几部小说作为一本实体书出版（如作品集）。

所以，再次强调，如果要建立一个关于书籍的数据库，在我们知道一个代表表示什么之前，我们最好在所有用户中就什么是"一本书"达成共识。

现在回到零件和仓库的案例。"仓库"的概念打开了另一种模糊性。对于"一个仓库"的构成，没有一个自然的、内在的概念，它可以是一座单独的建筑物，也可以是一组被任意距离隔开的建筑物。多个仓库（如属于不同公司）可能占用同一栋楼，可能位于不同楼层。那么，什么是同一个仓库？可以是某些人同意称之为仓库的任何东西吗？例如，两栋大楼，他们可能会同意将它们视为一个、两个或任意数量的仓库，所有的理解都是"正确的"。

国际商业机器公司（IBM）为其建筑物分配"建筑编号"，用于内部邮件的路由、记录员工位置和其他用途。加利福尼亚州（以下简称"加州"）帕洛阿尔托的一座两层建筑物是"046号楼"，两层楼的后缀名分别是046-1和046-2。隔壁是另一栋两层高的大楼。上面一层被称为"034号楼"，下层楼被分成两部分，分别称为"032号楼"和"047号楼"。这种方式并不是IBM发明的。这些建筑编号对应3个不同的邮政地址：1508、1510和1512 Page Mill Road，而它们都在同一栋楼里。

IBM位于加州圣何塞山区的另一个位置显然是一栋大楼，因为它只有一个建筑编号。这座建筑物有8座不同的塔楼。里面的指示牌指引你去"A栋""B栋"等。一共有多少栋楼？

"街道"是另一个模棱两可的词。一条街道是什么？有时名称会改变。也就是说，同一条笔直道路上的不同路段有不同的名称。根据地址的比较，我们会推测出那些拥有不同路名的人住在不同的街道上。此外，同一城镇的不同街道可能有相同的名称。这种情况下地址的比较结果意味着什么呢？

街道是否以城市、县、州或国家边界为终点？假设这条街道正好穿过边界，名字都一样。你认为住在不同国家的人住在同一条街道上吗？

"街道"一词是否意味着机动车可以在其上面行驶？有的街道是小窄巷，有的街道是步行街。

"街道"一词是否包括州际高速公路、高速公路、国道、收费公路、林荫大道、双车道？（我真的只是想传达一个想法，在你的社区里称它是什么。）通常，一条高速公路会与沿途许多不同街道有部分重合。公路名称是否算作街道名称？在某些路段，公路名称可能是唯一的街道名称。不同的路段会有各种各样的名称（"看看那根杆子上所有的公路标志！"）。而且，在我转弯之后，我是否在"同一条街道"上，可能取决于我自己以为我是在跟着哪条街道的名字走。最后，如果我沿着66号高速公路开车从伊利诺伊州到加州，我一路都在同一条街道上吗？

因此，"一件事物"的边界和范围可以非常随意地确定。当我们在一个完全没有自然边界的领域进行"分类"时，情况更是如此。人类知道如何做的事情是变化无穷的，并且以最微妙和最迂回的方式从一个人转移至另一个人。然而，人事数据库的"技能"部分只能维护有限数量的技能类别，每种技能都被视为一个离散的事物，即它有一个代表。这些技能的数量和性质是非常随意的（即它们不符合现实世界中自然的、固有的边界），而且它们在不同的数据库中可能不同。因此，这里的"事物"是从连续体中分割出来的一个非常随意的片段。这种情况也适用于对医学数据库系统中的一组疾病、颜色等进行检索。

分类问题展现了文字普遍的歧义性。我们尝试交流的概念是无边界的、不可重复的编号，然后我们却用有限的文字来交流（在这个讨论中，只考虑名词就足够了）。因此，一个词并不对应于一个单独的概念，而是对应于一组相关的概念。通常，用一个词来表示这个集群中的两个不同的想法会给我们带来麻烦。

一个很好的例子就是石油公司的数据文件中使用的单词"well"。在他们的地质数据库中，"well"是在地球表面钻的一个孔，不管它是否产油。在生产数据库中，"well"是一个或多个被一个设备覆盖的孔，它已经进入一个油池。石油公司在整合这些数据库以支持一个新的应用程序时遇到了困难：油井产能与地质特征的相关关系。

相同性（有多少事物？）

一个单一的物理单元通常作用于几个角色，每个角色都在信息系统中表现为一个独立的事物。假设一个数据库用于维护足球队的得分统计信息，包括球员位置和球员姓名。数据库中可能有 36 个事物的代表：11 名球员位置和 25 名球员。当前卫乔·史密斯（Joe Smith）踢进一个球时，两个事物有关的数据会被修改：乔·史密斯的进球数和前卫的进球数。站在球场上的那个人被描绘成两个事物：乔·史密斯和一个前卫。

考虑"相同性"的问题。假设乔·史密斯被换到后卫位置，再进一球。两个进球是一样的吗？是的：乔·史密斯两个都做了。不是：一个是前卫踢的，另一个是后卫踢的。

为什么球员的形象被视为两个事物，而不是 1 个、3 个或 98 个？不取决于任何自然规律，而是由某些人的武断决定。因为这种感知对他们是有意义的，并且与他们在系统中维护的信息是一致的。

如果文件中只有关于球员位置的数据，那么同一个物理对象在不同的时间会被视为不同的事物。乔·史密斯有时是前卫，有时是后卫。从这个文件的角度来看，他的活动是由两个不同的实体执行的。

假设两个相关人员（如丈夫和妻子）在同一家公司工作。在考虑医疗福利时，每个人都要考虑两次：一次作为雇员，一次作为雇员的家属。那么医疗福利该涉及多少人？

假设一个人在公司有两份工作，被分在两个不同的班次。这意味着有一名还是两名雇员呢？货运员约翰·琼斯和第三班计算机操作员约翰·琼斯可能是同一个人。这重要吗？或许是吧。

把雇员和股东看作两个不同的事物，貌似合理（也许很奇怪，但似乎是合理的）。这两个事物之间存在着一种关系，它们会体现在同一个人身上。然后在系统中会有两个代表：一个是雇员，一个是股东。完全可以，只要用户理解这个约定的含义（例如，删除一个可能不要删除另一个）。

航班时刻和运输工具也存在模棱两可的例子，如"航班"和"飞机"（即使我们忽略了与飞行机器无关的其他定义）。"每周五赶同一班飞机"到底是什么意思？它可能是，也可能不是同一架实体飞机。但是如果一个机修工每周五都要维修同一架飞机，那最好是同一架实体飞机。还有一件事：如果两名乘客在旧金山一起登机，其中一人拿着去纽约的机票，另一人拿着去阿姆斯特丹的机票，他们是在同一个航班上吗？

分类，对"相同性"的概念和"多少"的概念影响一样大。例如技能，我们划分技能的方式既决定了我们在这一类别中识别出多少不同的事物，也决定了我们如何判断两个事物是相同的。假设一组人知道如何在门上画标志、绘画肖像、油漆房子、绘制建筑蓝图、绘制线路图等。一种分类可能会判断所有这些能力所代表的只是一种技能，即"艺术家"，并且组中的每个人都具有相同的技能。另一种分类可能会说这里有两种技能，即绘画和制图。那么标志画家和肖像画家的技能是一样的，但与蓝图绘制人员不同，等等。

还可以用颜色来玩同样的游戏。两个红色的事物是一样的颜色。但如果一个是深红色，另一个是猩红色呢？

有洞察力的读者会注意到，在这一节中，有两种"多少"问题被混合在一起。一开始我们在探索什么样的东西可以被感知。但偶尔我们试图确定我们是在处理一种还是几种特定类型的东西。与此类似，在许多保险索赔和法庭诉讼中，许多小题大做的争议都是围绕着确定"多个事情"是否与"相同"的疾病或伤害有关。

变化

接下来讨论的是变化。即使在就信息系统中的内容代表什么达成共识之后，也必须考虑变化的影响。一个事物能经历多少变化，仍然是"同一个事物"？如果一些事物已经转变成了一个新的、不同的事物，在什么时候引入一个新的代表进入这个体系是合适的？

关键是要识别或发现一个事物的一些本质不变的特征，从而使它具有同一性。这种不变的特征通常很难识别，或者根本不存在。

尽管存在外表、个性、能力，尤其是化学成分的变化，我们似乎对识别"一个人"的概念没有什么困难。（比例和结构——即化学公式可能没有变化，但单个原子和分子不断被替换……再次说明了"同类"和"同一实例"之间的模糊性：你身体的化学成分变化有多快？）当我们在一段时间内谈论同一个人时，我们当然不是指同一个原子和分子的集合。那么"同一个人"又是什么呢？我们只能求助于一些模糊的直觉，通过渐进的变化来判断事物的"连续性"。"同一个人"的概念是如此的熟悉和明显，以至于不能给它下定义是绝对令人恼火的。"灵魂"和"精神"的定义可能是唯一真实和人性化的概念，但是，值得注意的是，我们不知道在计算机信息系统中如何处理它们。只有当"人"的概念被推到某个极限时，我们才意识到这个概念是多么的不精确。这也是一些法律问题的基础。

现代医学正在通过器官移植、人造肢体和人造器官仔细剖析"人"的概念。霍皮印第安人认为精神活动是在心脏里进行的。他们可能会争辩说心脏移植的接受者变成了捐赠者，捐赠者仅仅获得了一个新的身体。（是心脏移植还是身体移植？）我们更可能是对大脑而不是心脏采取这种立场。当开始进行脑移植时，许多法律问题必须得到解决。（如果只移植部分大脑，问题可能会变得更复杂。）

在一个维护关于人的信息系统中，我们必须决定哪些信息在两个代表之间交换，包括哪些信息与身体有关，哪些信息与大脑有关，还有一个人的名字、配偶和其他亲戚，病史如何重新生成，谁有什么工作以及技能和财政义务等。

汽车也有类似的情况。假设我们开始交易汽车的零件，包括轮胎、车轮、变速器、悬挂装置等，甚至在某个时候我们会交易整车。从某种意义上说，车辆管理部门必须更改相关的记录，明确谁拥有这辆车。但在什么时候更改、代表我的车的"事物"是什么、你什么时候买的等信息，车辆管理部门（至少在加州，我相信）已经做出了一个武断的认定。汽车的"本质"是发动机缸体，它（他们假设）是不可分割的且唯一编号的。拥有和注册汽车的定义是拥有并注册发动机缸体。汽车的其他部件都可以在不改变汽车身份的情况下拆卸或更换。

一个事物改变哪一点就不再是原来的东西，而成为一个新事物？同样的问题今天仍然有意义，也许因为科学技术的惊人进步而变得更为重要。几年前，我亲身体验了这种模棱两可的事情。一个事物发生了改变，但仍然是同一个事物；而另一个事物发生了改变，以至于成为一个新事物。我正要去海滩上跑步，这时我女儿（当时才4岁）问："爸爸，你能给我带些贝壳回来吗？如果贝壳有缺口或者缺了一块也没关系，但我不想要任何贝壳碎片。"虽然她很容易区分有缺口的贝壳和贝壳碎片，但我在海滩上慢跑时要区分他们却很困难。我们在哪里划出一个有缺口的贝壳和一个贝壳碎片之间的界限？也就是说，在什么时候，一个贝壳会发生如此剧烈的变化，以至于它不再是一个贝壳，而是一个贝壳的一部分？

同样的问题也适用于组织，如公司、部门、团队、政府机构等。一家公司的员工变动后，这家公司是否仍然是同一家公司？当然。管理人员变动呢？是的。所有者变动呢？也许。建筑物和设施变动呢？是的。地点变动呢？可能。名字变动呢？可能。主营业务变动呢？可能。注册州和国家变动呢？也许。这些答案对于处理旧合同和企业义务、确定员工休假和退休福利等都有重要意义。

还有政治边界的问题。一个人口统计数据库必须对印度、巴基斯坦、德国、捷克斯洛伐克等国家的含义有清晰的定义。其中涉及的不仅仅是更名；事物本身已经被创建、销毁、合并、拆分、重新分区等。在其他一些数据库中，可能需要理解的是，在同一城镇不同时间出生的两个人可能出生在不同的国家。

有一些变化会导致事物存在两个副本，对应于变化前后的状态。处理这种情况有几种方法：①抛弃旧的，让新的代替它，这样它才真正被视为一种变化，而不是一个新事物；②把旧的和新的当作两个明显不同的事物；③试着两者兼而有之。

在商务智能应用程序中，管理同一事物的两个或多个副本及变体存在的情况非常常见，因此有一个术语对此进行了描述："缓慢变化的维度"。缓慢变化的维度有 3 种类型：①覆盖旧的信息，只保留最新的信息；②存储所有更改；③存储最新的更改。

凶手与管家

总结我们最后两个部分的分析：有时实体一直是同一个，因为我们对实体的变化只是"多少"的看法。有时两个不同的实体最终会被确定为同一个，因为我们对于两个实体积累了大量信息。

一般在推理小说的开始，需要把凶手和管家看作两个不同的实体，分别收集他们各自的信息。在发现是"管家干的"之后，我们是否确定他们是"同一个实体"？我们是否需要建模系统将他们两个代表合并成一个？我不知道有什么建模系统能很好地处理这个问题。

我们可以为一个人扮演多种角色建模，比如管家和凶手。在下图中，每个人可以扮演一个或多个角色，每个角色必须由一个人扮演。每个角色都可以是管家或凶手。

然而，一旦我们确定扮演管家的鲍勃和扮演凶手的罗伯特是同一个人，我们如何将这两种视图合并到扮演两个角色的一个人身上呢？尽管该模型可以在数据清理后描述这样一个理想化的视图，但是要使数据适合这种理想化的视图，还有很多工作要做。数据清理工作通常是非常耗时和乏味的。

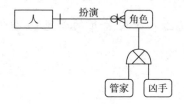

IE 表示法

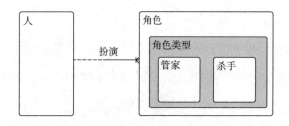

Barker 表示法

（注：译者补充）

分类（它是什么？）

我们一直在关注"单一性"和"相同性"的问题，也就是说，鉴于你我都指向了空间中的某个共同点（或者我们认为是这样），而且我们都感知到了占据空间的某个事物（也许是一个人），那么在信息系统中，有多少个"事物"被对待呢？一个，很多，更大事物的一部分，还是什么都没有？

还有，我们真的就事物的组成和边界达成一致了吗？或许你指的是一块砖，而我指的是一面墙。

还有，如果我们今天指向太空中的一个点，明天也指向同一个点（或者我们认为是），那么我们是否会认为这两个点是一致的呢？

这些场景都没有关注事物是什么。我不是说它的性质，比如它是否为固体，它是否是红色，或者它有多重，那它到底是什么呢？我不得不用上面的"人"这个词，因为我认为如果我一直使用"事物"这个不明确的词，你就不会理解我的观点了——我必须采用一些具体的例子来表达。"事物"这个词只是我们所指的对"事物"的一种可能的看法。你可能会说它是一只哺乳动物、一个男人、一个固态物体、一名公共汽车司机、你的父亲、一个股东、一个顾客或者某种令人恶心的东西……

我将描述一个事物是什么或者至少它在信息系统中描述成什么。同样的想法也经常被用于"类型"或"实体类型"[⊖]。像其他任何事物一样，类别的处理需要做出一些武断的决定。

没有现成的类别集合。必须为信息系统指定要在系统中维护的类别集。在一个系统中可能是员工和客户，在另一个系统中可能是员工和家属，或注册的计算机用户或原告和被告等类别。在一个集成数据库中，它可能包括所有这些。一个给定的事物（代表）可能属于众多这样的类别。

不仅类别的种类各有不同，而且类别可以被定义为不同的粒度。一个应用程序可能会将储蓄账户和贷款账户视为两个类别，而另一个应用程序则认为这两类账户是同一类别的账户，具有"储蓄"或"贷款"的账户属性。有的应用程序可能会处理家具、卡车或机器等设备，而有的应用程序会处理资产设备（为所有东西分配唯一的库存编号）。因此，根据定义，某些类别是其他类别的子集，使一个类别的成员自动成为另一个类别的成

　　⊖　今天"实体"的普通术语实际上是指一个实体类型或类别。

员。有些类别重叠而不是子集。例如，客户类别（或法律数据库中的原告类别）可能包括人、公司或其他企业以及政府机构。

一条信息被视为一个类别、一个属性或一个关系，通常是一个选择问题（这就引出了这样一个问题：这种区别到底有多重要）。这相当于"他是家长"（家长是实体），"那个人有孩子"（实体是人，具有"有孩子"的属性）与"那个人是那些孩子的家长"（实体是人和孩子，通过"亲子关系"联系）的区别。

通常很难确定一个事物是否属于某一类别。几乎所有有意义的类别边界都很模糊。也就是说，我们通常可以想到某个对象，它在某个类别中的成员资格是有争议的。然后，要么由某个人对对象进行主观分类，要么存在一些局部定义的分类规则，这些规则可能与另一个信息系统中使用的规则不匹配。用"雇员"这一简单且"很好理解"的类别举个例子。"雇员"是否包括兼职雇员、合同工、子公司员工、以前的员工、退休员工、休假中的员工、一个刚刚接受入职邀请的人、签了合同还没报到的人？答案不仅要根据公司希望如何处理数据来决定，而且这些问题可能在公司内部甚至无法得到一致的回答。休假的人虽然享受福利待遇，但他不一定是被发工资的雇员。因此，类别和属性的概念必须重新检查，以得出对所有用户都有意义的集合。

再拿"汽车"类别举例。"汽车"是否包括以下类型：旅行车、微型小汽车、普通小汽车、皮卡、普通卡车、房车、沙丘车、赛车、摩托车等。还有一种在轿车后备厢外悬挂一张小皮卡床的自制装置是否是"汽车"呢？另外，一辆旧车改成了房车是否是"汽车"呢？

只要我们去旅行，就要回答这个问题：汽车旅馆和酒店有什么区别？（如果你有一个答案，那就是你最近很少旅行。）

作品集的编辑通常被列为书籍的"作者"，但他"创作"过什么吗？

事物的类别（即它是什么）可能是由它的位置、环境或用途决定的，而不是由它的内在形式和成分所决定的。在我儿子玩的那组塑料字母中，有一个字母可能是"N"或"Z"，这取决于他拿着它的方式。另一个字母可能是"u"或"n"，还有一个可能是"b""p""d"或"q"。

使用人的目的通常决定了该对象被认为是什么。我可以想象同样的空心金属管被称为管子、车轴、灯杆、衣架、拖把把手、浴帘杆等。你还能说出多少？钉进墙上的钉子可能被认为是衣帽钩。

在某种程度上，这些观察说明了区分事物的类别（本质）和它可能的用途（角色）的困难。

当我们在跨不同系统或部门的项目中工作时，我们认识到"本质"和"角色"之间的区别，这使我们能够在整个组织中建立联系并进行集成，从而产生更全面的解决方案。例如，将 Bob 从他在学生注册应用程序中扮演学生的角色和在员工薪酬应用程序中作为讲师的角色分开，允许大学将 Bob 识别为扮演两个不同角色（学生和讲师）的"人"类别的代表。

而且，和其他事物一样，物体的类别也会随着时间而变化。家属变成了雇员，然后是客户，然后是股东。一块大理石变成了雕塑。一块漂流木被发现并贴上标签就成了艺术品！钢锭变成机加工零件。

也许最简单的解决办法就是忽视我们从小就学到的连续性和保护性原则。它不再是同一个物体。雕刻家并没有"修改"大理石，他是破坏了石板，然后创造了一个雕塑。

这本书的根本问题是自我描述。正如很难将像人事方面的数据划分成明确的类别一样，也很难将像"信息"方面的数据划分成"类别""实体"和"关系"这样的明确类别。尽管如此，在这两种情况下，如果我们不尝试做一些这样的分类，那么处理这些对象就会困难得多。

最后引用一个娱乐节目，你还记得"谁先上"吗？好吧，这里有些变化：

"棒球队和足球队哪个更大？"

"当然是足球队。"

"为什么？"

"足球队有 11 名队员，棒球队有 9 名队员。"

"说出一支棒球队的名字。"

"旧金山巨人队"

"他们有多少球员？"

"大约 25 人。"

"我记得你说过一支棒球队有 9 名球员。"

"我猜是 25 人。"

"任何 25 名棒球运动员吗？"

"不，只有名单上的 25 人。"

"如果他们换了一名球员，这会改变球队吗？"

"当然。"

"你是说他们不再是旧金山巨人队了？"

诸如此类。

存在

在一个记录处理系统中，记录被创建和销毁，我们可以在一定程度上确定一个给定的记录在某个时刻是否存在。但是，对于这条记录所代表的实体的存在状况，我们能说些什么呢？

有多真实？

通常说模型是部分对现实世界的建模。我在这本书里也这样说过。

这句话不一定靠谱。被模型塑造的世界可能并不存在。

• 可能是历史信息（现在不是真实的）。我们可以辩论过去的事件在现在是否真的存在。

• 可能是伪造的历史（从来不是真实的）或伪造的当前信息（现在不是真实的）。福利档案中的欺诈数据：这是"真实"世界的模型吗？

• 它可能是未来状态的计划信息（也不是真实的）。

• 可能是假设性猜想——"假设"推测（可能永远不会成为现实）。

可能有人会说，就像所有其他概念一样，整个世界也有一个柏拉图式的、理想主义的现实，存在于人们的头脑中。但信息往往是如此复杂，以至于没有人能在头脑中理解所有的信息。数据库之外的任何系统都不能完全理解它。或者，虽然信息不是那么复杂，但这些信息可能没法轻易地到达人类的大脑。计算机进行了一些计算，以确定和记录已知事实的某些结果，而这些结果碰巧还没有人知道。这种情况时有发生：计算机经常会将账户记录为透支状态，而在这之前没有人被告知。这正是通过计算机假设模拟的关键。计算机计算出谁赢了一个模拟战争游戏，但在计算出结果和人们读到结果之间的时间间隔内，这个结果在计算机中，可谁"知道"它呢？

数据库建模的现实在哪里？

小说的现实在哪里呢？一些数据库的主题是小说（文学、神话）中发生的人物、地点和事件。这再次延伸了"现实世界"在数据库中建模的概念。（小说不是现实的对立面吗？）但除此之外，它还对某些实体的某些前提提出了挑战。

人们有时认为，某种类型的所有实体必须具有某些"内在属性"。对人们来说，这些属性包括生日、出生地、父母、身高、体重等。哈姆雷特有这些属性吗？城市有地理位置、区域、人口等属性。卡米洛特（Camelot）有这些属性吗？或者我们应该说哈姆雷特不是一个人，卡米洛特也不是一座城市。

请注意，这种情况与简单的缺乏信息有很大不同。说我们不知道某个人的生日，并在数据库中记录为"未知"的情况并不少见。这意味着如果最终知道则会记录下来。如果相反，我们就会质疑这些特征是否存在。

总而言之，如果我们不能断言数据模型是对部分现实的建模，那么我们能解释数据库通常是做什么的吗？没关系。再说一次，我们可以很成功地开展我们的业务，而不能够准确地定义（或知道）我们在做什么。

如果我们真的想定义一个数据模型中建模的对象，就必须从精神现实而不是物理现实的角度开始思考。大多数没有任何"客观"存在的事物之所以在数据库中存在，是因为它们在人们的头脑中"存在"，但也不是所有事物都存在。（这意味着我们必须处理他们在不同人的头脑中的差异。）而且，数据库中那些在任何人的头脑中都不存在的事物，那是谁的精神现实呢？我们可以认为计算机有它自己的精神现实吗？

有多久？

有些实体有一个自然的开始和结束，有些则"永恒"地存在；创造和毁灭对它们来说不是相关的概念。后者往往适用于我们所说的"概念"——数字、日期、颜色、距离及质量。

我们可能会执着地想知道，为什么持柏拉图理念的人认为这些概念"一直"存在。在古阿拉伯人想到零之前，它存在吗？引力在牛顿之前存在吗？电视的概念在 50 年前就存在了吗？

对我们来说，这并不重要。我们不必担心这些概念实体的产生和破坏。除非你是一家化妆品公司，每天都在"发明"新的颜色……或者是一个数论家，计算某些数字（如素数或完全数），并在"发现"它们时将它们添加到一个列表中。

另一个极端情况，有形的物理物体，它们有明确的存在期，即有开始和结束。创造和毁灭对这类物体是非常相关的概念。

但请注意，我在列举例子时也犹豫不决。因为开始和结束通常是过程，而不是瞬时事件。我们一开始就被实体的定义所束缚。当它部分形成的时候，它是整体吗？当一辆汽车进入车辆解体厂时，它是否不再是一辆汽车了？或者在它变形成一个立方体之后？

实体也以其他方式产生。根据我们选择的实体类别，特定流程可能会创建实体，也可能不会创建实体。招聘仅仅改变了一个人的属性，但它创造一个员工。(但要小心，这可能是一次重新聘用!) 还有，雕塑是一直存在于大理石中吗？回忆一下古老杂耍表演中塑造大象的方法，把看起来不像大象的部分剪掉。尽管如此，我们还是可以接受这样一个观念：有形物体具有有限的存在，有开始和结束。

我们也不总是很在乎物体的开始和结束。实际中，我们更喜欢把某些物体视为永恒的，那些"有限"存在的物体实际上是无限的：陆地、行星、太阳、恒星。只有对天文学家和科幻迷来说，它们的产生和毁灭才是真实的。

即使假设我们的有形物体有瞬间的开始和结束，就能解决所有重要问题吗？

当然，我们主要不是对物体本身感兴趣，而是对我们所掌握的有关它们的信息感兴趣。我们对这些信息的处理是否模仿了这些物体的创建和销毁？我们是不是在这些物体被创造的那一刻就开始拥有关于它们的信息，而在它们被销毁的那一刻就停止拥有他们的信息了？当然不是。我们常常在事物被创造出来之后很久才意识到它们的存在（例如，我们与之打交道的人、我们买的东西）。我们有时在它们被创造出来之前就意识到了它们将存在。有不少孩子出生前的资料都保存下来，未出生和未孕育的孩子在遗嘱中会被提及。有关订购商品的数据可能会在商品开始生产之前已经存在很久。

我们当然会在事物不复存在之后很长一段时间内保留这些信息。

那么，信息的产生和销毁与对象的开始和结束有直接的关系吗？几乎从来没有。信息的"创建"和"销毁"对系统来说是"感知"和"遗忘"。

再说一次：我们不是为现实建模，建模只是人们处理现实信息的方式。

史蒂夫心得

- 相比通过了解人们的观点以及他们对应用程序的诉求来确定问题所在，尝试通过技术解决业务问题总是更容易（但风险更大）。

- 系统中的信息是人与人之间交流过程的一部分。思想在头脑间流动的过程中，从概念到自然语言再到规范语言，都存在翻译过程。

- 单一性意味着对我们所指的内容做出清晰、完整的解释。相同性意味着调和对同一术语的冲突观点，包括变更（以及类型变更）后术语是否将转换为新术语。类别意味着为这个术语指定正确的名称，并确定它是数据模型上的实体类型、关系还是属性。

- 在一部推理小说的开始，我们需要把凶手和管家看作两个不同的实体，分别收集各自的信息。在我们发现是"管家干的"之后，我们是否确定他们是"同一个实体"？

- 建模时，使用"现实世界"的哪一个定义，建模人员的视角非常重要。

- 如果我们真的想定义一个数据模型建模的是什么，我们就必须开始从精神现实而不是物理现实的角度来思考。大多数没有对应任何"客观"存在的事物，之所以存在于数据库中，是因为它们在人们的头脑中"存在"。

第二章　信息系统的本质

在大多数情况下，我们关注的是现实世界中信息的本质。但我们的最终目标是能够格式化地描述信息，从而使计算机能够理解并处理信息。

在20世纪70年代、80年代以及90年代的大部分时间里，理解信息本质的"最终动机"是形式化描述与生成数据模型，使模型变为一个新的计算机系统的数据库。但从20世纪90年代中期到今天，许多数据建模工作都是通过尝试了解现有的计算机系统来推动的。如果最初构建应用程序并没有花精力设计信息（我们可以认为"应用程序"与"计算机系统"同义），那么最终还需要去理解该应用程序中的信息。为新应用程序展现信息与从已经存在的应用程序提取信息有两个主要区别：过程与过滤。

第一个区别是我们经历的过程。"正向工程"是指受业务需求驱动，这是肯特在本章第一段中所指的内容。我们的目标是在业务专家描述的场景中深入理解信息，以便我们可以构建有用的应用。该过程涉及直接与这些业务专家交互与协作，形成解决方案。"逆向工程"是指基于现有应用程序构建的数据模型。"逆向工程"背后的驱动力通常是替换或优化设计不当的应用。

当进行"逆向工程"时，我们将扮演"数据考古学家"的角色。正如考古学家必须设法找出埋在沙子下数千年的这块旧东西是干什么用的一样，我们也必须设法在缺乏文档、缺乏对系统非常了解的人的情况下识别字段的含义。

第二个区别与过滤有关。在进行"正向工程"过程时，我们直接从业务专家或业务需求中查找信息，这种看到并表达出来的信息代表了纯粹的业务信息。例如，如果业务分析师将某事物称为"客户"，则我们会将其视为客户。但当我们进行"逆向工程"时，此业务信息已通过应用程序过滤，我们看到的信息已被污染。例如，如果应用程序将客户称为"对象"或"业务合作伙伴"，那么我们倾向于认为该客户是那样的客户。因此，基于上一章肯特提出的观点之一，正向

和反向工程意味着不同的"语境"。"正向工程"是通过业务
视角，因此是业务语境；"逆向工程"是通过特定应用程序
的视角，因此是应用程序语境。

在本章中，我们简要探讨了如何描述信息，使计算机能够处理，另外也探讨了数据描述的必要性[⊖]。

从根本上讲，计算机的某些特征对于我们与之交互产生了深刻的哲学影响。计算机具有决定性、结构性、简化性、重复性，且缺乏想象力、没有同情心、没有创造力。以这些概念为背景，在我希望处于的层面之外，仍有不同的层面存在。（有些人可能会提出异议，一些人工智能实验模拟了更优雅的计算机行为，但这仍然是在较近的未来对处理数据的计算机的最好描述。）

数据的描述

在应用程序中，需要约定好适用于所有事物的通用命名规则。例如，假设名称是任意长度不限的字符串，而每个事物都有一个或多个这样的名称。（如果有多个，这些名称是可互换的并且是同义词）但系统不支持这种规则，我们也很少需要这样的规则。在大多数情况下，可接受的名称受到限制。比如，长度可能有限制（某种事物可能有固定的长度），可接受的字符和语法也有限制（仅数字，仅字母，必须以字母开头，在某些位置

⊖ 数据描述包含所有的元数据，如名称、格式、键和定义，元数据被定义为"描述受众所需要看到的（东西的）文字"。[Hoberman 2009]

带有连字符，有空格和逗号的规则等）。一个事物通常具有不同种类的名称，这些名称不是同义词且不能互换（例如，社会保险账号与员工号、许可证号与引擎号）。为了强制执行这些规则，我们必须提前告知信息系统，哪种命名规则将适用于哪些种类的事物（如员工、部门、零件、仓库、城市、汽车等）。

类似地，信息系统对信息的业务语义完全没有任何敏感性，也不会自动加以限制。该系统可以接受如"会计部的运输重量为 30 磅（1 磅 ≈ 0.454 千克），并有两个孩子名为 999—1234 和 12.50"的信息。尽管有可能构建这种普适性系统，但在所有当前的数据处理系统中，一般约定俗成都排除了这些荒谬现象。我们需要规定哪些事物可以合理地具备哪些属性，以及哪些关系在哪些事物之间有意义。

信息的预定义、定义安全约束、制定信息的有效性标准以及如何理解信息的表述（如数据类型、规模、单位等）也是需要的。

成本是另一个潜在的约束，已知的包括信息长度的限制、哪些信息可以或不会一起出现，对规划计算机的存储非常有效。实际上，如果约束足够严格，高效的简单重复模式就会被采用。此外，如果格式足够严格，并且可能发生的事物组合的数量受到限制，处理程序就可以保持简单高效。这正是为什么目前采用记录方式进行数据处理的原因。

这样的规则与描述应该在信息加载到系统之前介入，而不是由个人来自由表达（如 TOM，DICK、Harry 都必须有 6 位员工编号）。

> 肯特在最后一段中说明了为什么我们需要实体类型、属性与关系。我们需要提前规划，正如在电子表格中填入数据之前先写列名。

在语义层面上，我们在第一章中采用了术语"分类"来表示事物的内在特征（如人或老鼠）。分类还提供了有吸引力的规则来指定事物类别，而无须引申每一个事物。可以简单地确定某些规则适用于某一类别中的所有事物，我们只需要命名类，无须命名个别事物。

分类是几乎所有数据描述方法的基础，我们暂时先采用这种方法，但在后文中会有一些关键的事情需要说。

> "类别（Category）"也被称为"实体类（Entity type）"。
>
> 而当今"类别"没有"实体类"那么正式。例如，客户、组织、角色、产品或订单。

描述的级别

使用数据库的人和应用程序可能对所处理的实体与信息有不同的处理规则。（如员工与雇主，雇主由记录类型来表示，也会由一个字段值记录）不同的应用程序使用不同的记录类型来表示不同的实体，因此员工记录在人力资源应用与医疗福利应用中看起来会很不同，这些应用程序还使用不同数据处理规则，即不同的文件类型、访问方法与数据结构。这些应用通常用不同的方式表示关系，用不同的接口操作数据。

因此，存在各种应用程序的感知与期望相对应的描述级别，如记录格式、数据结构、访问方法之类的内容。对于某些系统，如应答系统或图像展示系统，这些描述甚至可能没做记录格式处理。

这些应用可以用一个通用的数据池，即集成的数据库来支持。集成的意义之一是共同属性的同步。例如，改变员工的地址，如果他是股东，则其在股东文件中的地址也相应改变。同步可以把所有的"地址"保存在同一个地方，或者通过识别系统变更而自动传播到其他地方。只要系统中的同样信息能够同步，采用的方法并不重要。

集成的另一个意义是，新建的应用程序可以使用数据库中已有的信息，新应用程序的需求可以直接映射到集成的数据库中。如果没有集成，就很难从几个物理上不相关的文件中提取数据，然后提供给新的应用程序。这个过程极度困难，通常是无法做到的。

集成数据库是系统对现实世界的模拟——事物是持续发展的，不同的应用程序对之可能具有不同的处理规则。

> 虽然集成的数据库是系统对现实世界的模拟，但大多数对于整个企业的建模都失败了，因为没有意识到组织中对于同一事物有许多种不同的认知。我们构建企业的数据模型不仅仅要显示企业在理想层面如何被认知，而且必须把整体模型的每个概念映射到不同视角中。例如，企业模型会对人员建模，并用人员来表示"员工"或者"消费者"等企业中不同的角色，但是员工工资系统，只会认知"员工"，而订单录入系统只会认知"消费者"。我们需要将不同的现实认知与启发性的企业模型进行映射。这种映射对于企业建模工作都是非常重要的。否则，当我们看到企业模型的设计时会说"一个人可以扮演多个角色，这非常好，但是我今天的消费者在哪里？"

然而与现实世界不同，我们无法说"消费者在哪里。您用视觉，听觉与想象力去感受吧"。数据库必须给系统清晰地描述。

我们可以只用物理术语或者用物理与逻辑术语共同来描述集成的数据库。物理术语描述用于说明磁盘、磁带或其他存储介质上数据的位置、格式和组织；用于说明记录中主键字段的位置；用于说明引用相关记录的指针种类；用于说明记录的物理连续性标准以及"溢出"记录的处理；用于说明提供的索引种类及其位置，等等。逻辑术语描述更多地涉及数据库中的信息内容：实体的种类、属性以及它们之间的关系。

数据模型分为概念数据模型、逻辑数据模型与物理数据模型。概念数据模型是最高阶的，对其描述通常不会超过一张纸。概念数据模型用于确定项目范围，并定义关键概念（如客户、产品）。逻辑数据模型是非常详细的模型，它包含业务解决方案所需要的所有属性与关系。物理数据模型对逻辑数据模型做一定的妥协，主要为了使其能够更好地与软件、硬件工具（如特定的数据库或报表工具）配合使用。概念数据模型捕捉到问题的业务范围，逻辑数据模型确定业务解决方案，物理数据模型确定技术方案。

回顾前面提出的这个模型，它是一个概念数据模型：

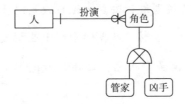

IE 表示法

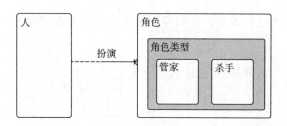

Barker 表示法

（注：译者补充）

将所有属性、实体类型和关系加入到此模型中，可以形

成逻辑数据模型。

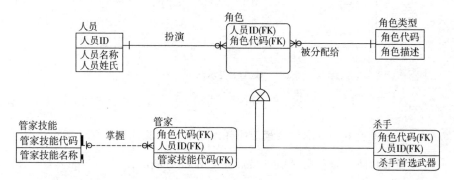

IE 表示法

Barker 表示法

（注：译者补充）

考虑技术因素，我们可以获得以下物理数据模型：

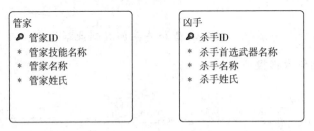

IE 表示法

Barker 表示法

(注：译者补充)

有关如何读取这些模型的详细说明，以及从逻辑到物理模型的权衡，请参阅《Data Modeling Made Simple，2nd Edition》。

人们日益认识到提供并维护这 3 层模型的重要性。

分层次的描述方式能够很好地应对变化。经验表明，随着时间的变化，使用数据的方式也逐步发生了变化。应用程序会改变他们使用数据的方式。他们更改记录格式，更改每次处理中需要查看记录的组合。一些新的应用程序需要查看包含旧系统中早被拆分的多个记录的数据信息，另一些新应用程序需要在不干扰现有应用程序的基础上，扩展现有的数据（如增加字段）。应用程序也会改变他们访问数据所使用的数据管理技术。随着越来越多的应用程序与日益庞大的集成数据库进行交互，这些变化的影响变得更加复杂，更难以预测和控制。

　　于是有了应对这种变化的数据管理方式，并产生了一个新兴角色——数据库管理员。他是企业管理员，大部分工作是定义和管理企业的大量信息［ANSI］。他需要一种纯粹根据"我们在系统中维护什么信息"的方法来描述这些信息。然后，以该描述（逻辑数据模型）为参考，他可以分别指定各种格式，以便将这些数据提供给应用程序处理流程（外部模型），以及数据存储在机器上的物理组织（内部模型）。

　　　　从 1978 年起，数据库管理员角色在过去 4 个 10 年中已
　　　细分为 4 种角色：数据建模者、数据架构师、数据库管理员
　　　和数据库开发人员。数据建模者负责将项目业务需求转换为
　　　数据模型。数据架构师负责确保各个数据模型之间的一致性，
　　　正如肯特在上段中所说的那样，"负责定义和管理企业的大
　　　量信息"。数据库管理员负责维护现有数据库，以使其保持
　　　稳定运行。数据库开发人员负责构建新数据库。在 20 世纪
　　　80 年代到 90 年代，还有一种数据管理员的角色负责维护数
　　　据模型和其他相关的元数据，如数据定义。当今数据建模者
　　　和数据架构师角色都在很大程度上承担了该角色。

　　逻辑数据模型除了在操作数据库系统中的作用，在数据库规划过程中也是必要的。逻辑数据模型提供了基本的词汇表或表示法，可用来收集企业各个方面的信息需求。它提供构件来检查需求中的相互依赖关系、冗余内容以及规划数据库的信息内容。

　　本书关注逻辑数据模型，即数据库中信息内容的描述。它反映了数据库管理员对现实的感知。数据库管理员决定要在数据库中反映现实世界的哪一部分，以及数据库的结构、约定、模型、假设等。尽管逻辑数据模型

是对现实的单一认知，但它必须足够广泛和通用，这样才能转换为对数据库支持的所有应用程序的认知。

描述与数据分离的传统

在传统的信息系统中，有严格的记录规则来实现对信息的约束。如果没有定义记录的格式而将两个字段记录到一个记录中，则无法记录汽车的生产日期。通过将字段的数据类型指定为数字来排除含字母的员工编号，定义字段的长度决定了可接受的员工编号的长度。

在实践中，出现了"类型"概念，类型其实就是记录的格式。X 类型的记录集都符合 X 类型记录的描述格式。各系统都需要记录的描述格式。但是格式约束的差别很大。系统可能只需要指定记录的长度，以了解如何将其放入可用的存储中。在这种低约束的系统中，各种垃圾信息可能会塞满记录。

> 类型包括格式（如属性是字符还是数字），也包括长度。（如 15 个字符的属性或在小数点前排 5 位，在小数点后 2 位的小数）通常，我们通过定义列表或范围域来使类型更精确。域是可以分配属性的允许值集，主要有 3 类：类型、列表和范围。类型域仅限于格式和长度；列表是一组特定的值，如（周一，周二，周三，周四，周五）工作日列表域；范围域是一个范围值，如从今天到 3 个月后的日期范围。

记录与代表

模型试图提供一个实体存在的规律，因此产生了"代表"的概念。

在信息系统中，代表事物结构的是记录。这种结构看似简单和单一，无须费力即可打破。什么是记录？在人类（非计算机）系统中，它可以是一页纸、一张卡片或一个文件夹；它有时可能具有正式的结构和边界，如小册子（可能包含几页纸或几张卡片）；有时它没有什么结构，存在于多个页面或卡片上（如具有连续卡片的图书馆目录），但是具有一些可识别的规范来区分一条记录和另一条记录。

"记录"的概念在计算机系统中同样混乱。"记录"有时是指：

• 几何定义的一块存储介质：卡片、磁盘上的记录、磁带空白部分之间的区域。

• 在外部存储介质与主存之间以块的形式传输的数据量（有时称为段）。块数据通常进入主存的缓冲区，通过访问控制管理。

• 通过缓冲区和应用程序之间同一块数据传输的一定数量的数据。

有了各种规则和方法，我们差不多知道了如何将数据集称为"一条记录"，尽管：

• 记录可能在物理上存在多个副本中（在内存、一个或多个辅助存储设备中。例如，主版本与备份副本）。

• 在物理上可能不是连续的（可能在不同的碎片中储存，如在辅助存储中跨磁道存储）。

• 其位置和内容随时间变化。

可见，即使在这个层面上，也还是没有一个真正有形的物理构建称为"记录"，而只能抽象地处理它。我们试图通过一些概念来理解，如"记录就是当我提交了特定的主键、用特定的索引、通过特定访问方法而出现在我的缓存中的数据"（即使采用这种说法，也还是充满漏洞的）。

术语"记录"一词的某些用法，其特征受到处理系统（设备和媒体特征、访问方法）的约束，而非对应用程序来说最合适的内容。可能包括的约束如下：

- 绝对固定长度的记录（如80字节的卡映像）。

- 每个"记录类型"或每个"文件"可声明有固定的长度。

- 记录长度的上限。

- 每个记录的固定字段数。

- 定长字段。

总的来说，记录的概念产生于数据处理技术，它反映了"信息模型需要表达实体"之外的许多东西。

为了代表现实世界中某个事物，我们追求可想象存在于信息系统中的单一构件。除了纠结于"记录"的定义，我们还有另一个传统问题需要解决。在许多当前的信息系统中，我们发现现实世界中的某一事物不是由一个，而是由多个记录表示。图书馆的图书在目录中至少由标题卡、作者卡和主题卡表示。一个人可能由人事记录、健康记录、福利记录、教育记录和股东记录等表示。当然在后一种情况下，我们将某一公司维护的所有文件视为一个信息系统。

出于各种原因，一个连贯的信息系统（即集成的数据库）的目标之一是最小化这种记录的多样性。首先，这些不同记录通常包含一些共有的信息（地址、出生日期、社会保险号码），维护这类共有数据的所有副本需要付出额外的工作，并且信息会变成不一致（迟早有人会在不同文件中记录不同的地址）。其次，新应用程序通常需要从多个这类记录中获取数据。

因此，我们将这些各种记录集成到一个有关个人的数据"池"中，从而引入了几个新的"记录"概念。一方面，它可能是此数据池；另一方面，它通常用来表示应用程序看到的数据，这些数据可能与基础数据池根本没有简单的物理相似之处。一个"医疗记录"将由该数据池中的一些数据子集组成，这些数据子集可能是从分散的物理位置收集的，并按照某些应用程序的要求格式化过。

如果我们无法确定"记录"所代表的现实世界中的事物，那么数据池可以用来代表吗？也许可以。问题是我们希望两个事物的代表毫无交集，能被清晰地彼此分开。不幸的是，有关某物的许多数据都与其他事物相关，因此也包含有关其他事物的数据。一个学生的入学情况与该学生及所在班的情况一样重要。因此，我们不能在一个信息主体周围画一个假想的圆圈，并说它包含了我们对某个特定事物的所有了解，并且该圆圈中的所有内容仅与该事物有关，由此（圆圈中的）信息"代表"此事物。即便以上方式可行，这个概念也太"模糊"。我们需要某种形式的聚焦，来形象地指出"这就是那个东西的代表"。

我们不打算尝试解决此问题。我们将避开以上问题，并继续使用"代表"一词（借用［Griffith］［Hall 76］"替代"一词）。我们需要用术语来发展一些表示信息的概念，而避免在机器处理构件时陷入困境。在某些情况下，代表可能对应于一条记录或关系中的一行；有时这些构件都不太符合代表的概念。

引入"代表"一词的另一个原因是，我们的话题非常广泛，包括了甚至不使用"记录"的系统。在计算机目录中我们有"条目"，在数据字典中我们有"主题"。

虽然"代表"是抽象的概念，与数据的理论观点和数据描述有关，但是该代表具有某些确定的属性。有些属性反映了相应的计算机环境，这也是代表存在的最终驱动力。在理想的信息系统中，一个代表的特征可能包括：

• "代表"是为了表示现实世界中的某一事物，并且该事物在信息系统中应该是唯一的。物理存储的数据中可能会有一些受控的冗余，如记录的重复副本，以优化不同的访问策略。如果有一些规定可以使此类记录的内容保持可接受的同步，那么这并不违反该原则。注意，信息系统本身有基本概念，即有界、不相交的集合。现实世界中的某个事物可能在多个信息系统中有多个代表，但每个系统中最多只能有一个代表。还要注意，最后一个约束是主观上的，而不是定义上的。实际上在一个信息系统中可能有多个代表，因为信息系统检测不到重复项。

• "代表"可以关联，这是表示信息的基础（在代表存在这个事实之上）。

• 表示"代表"关联的信息包括关系、属性、类型名称和规则。

• 通常需要为"代表"指定的规则种类，包括管理其类型、名称、存在性检验、相等性检验，以及它们与其他事物之间关系的一般约束。

• "代表"相关的信息必须在信息系统中明确声明。该系统不是无所不知的⊖（这里我们排除了可以由信息计算或衍生的信息）。信息的准确性和时效性由声明确定。

⊖ 无所不知的："具有完整或无限的知识、意识或理解力，能感知所有事物。"未删节。兰登书屋公司。http://dictionary.reference.com/browse/omniscient.

史蒂夫心得

● "正向工程"是指从业务需求出发，"逆向工程"是指根据现有应用程序构建数据模型。当进行"逆向工程"时，我们扮演"数据考古学家"的角色。

● 我们需要定义实体类型、属性和关系来预测未来的需求。这种做法类似于我们在电子表格中填入数值之前，首先为将被输入的数据编写列头。

● 概念数据模型用于确定项目范围，逻辑数据模型用于确定业务解决方案，物理数据模型用于确定技术解决方案。

● 域是可以规定属性的允许值集。域主要有3类：类型、列表和范围。

● "记录"一词概念不明确，其含义通常取决于特定的上下文。最好使用术语"代表"代替"记录"。

● "代表"旨在表示现实世界中的某一事物，该真实事物在信息系统中应该只有一个代表。

第三章 命 名

我们花在建模上的大约一半时间是用来获取构建、替换或增强业务应用程序的需求。大部分时间都在尝试用精确的表达来描述不明确的世界。当在本章中读到肯特的话时，你会意识到这样的活动需要付出多少努力。

有多少种方法？

信息系统的目的是让用户能够输入和提取有关实体的信息。用户与系统之间的大多数事务是用一些方法来指定特定实体。为了设计或评估信息系统的命名功能，我们需要了解指定事物的各种方式。

如何表示我们想谈及的某一特定事物？我来描述一下自己能想到的几种方法：

- 伸手去指。这个动作本身是非常模棱两可的，除非在上下文环境中或对话中有相关的东西来表明你是在指纽扣、衬衫、人的胸腔、某个人、马和骑手，或是整个军团。这是相关的吗？用激光笔指着显示屏如何？如果你在编辑文本，必须有某种方法来确定你是在删除字母、单词、行、句子、段落还是字母（用手指这个方法真是模棱两可）。

- 如果是指某个人，你可以用他的名字。我是否应以单数形式说出"名字"？有许多不同的字母和标点符号的顺序可以识别为他的"名字"。有他的全名（前面有或没有女士、博士或上尉，后面有少年或医学博士或博士称谓），你可能会忽略他的中间名，或者只使用他的名字或中间名的首字母缩写，或者只使用他的首字母缩写（首写花押）；你可以使用昵称，或者只使用他的昵称的首字母（有时我会收到写给 B. Kent，B 就是 Bill 的首字母缩写）；你可以只称呼他的名字或昵称，或者只使用他的姓；在某些情况下，你必须先提供他的姓氏。当然，这些都是不明确的。人们的名字通常是不唯一的。无论你用全名、名字或昵称称呼某个人，总有某些情况下回应你的是其他人。

- 注意，我从"如果是某个人"开启了上述讨论。在识别某个事物时，除非你确定这个事物的类别，否则名称可能毫无意义。"Colt"是什么？它可能是一个人、一把枪、一辆车、一罐啤酒、一名足球运动员，甚至是某个城市或县城。当然，我在这里有点不够严谨，"Colt"不是一把枪、一罐啤酒或一名足球运动员的名字。甚至如果不清楚我使用的名字指代了什么，我可能只是在谈论一匹马。

- 一件事物可以有不同的名称。一个人可以通过社会保险号码、员工号码、各种组织的会员号码、兵役号码或各种账户来识别。（严格地说，后者不能识别他，只是识别与他有关的东西；另外，也可以说都是关于社会保险号码的）汽车可以通过车牌号或发动机号来识别。一个部门可以有一个名称（会计部）和一个编号（Z99）。一本书有一个书名、一个国会图书馆编号、一个国际标准书号（ISBN）以及当地图书馆目录中的各种杜威十进制标识符。所以，为了完整起见，除了标识符本身和事物的类别之外，我们有时还必须指出所使用的标识符的类型。通常，社会保险号码可以通过其格式识别，但并非总是如此。识别码的类型是不能被直观地理解的。

- 你不总能有全部的选择。通常你必须知道你在和谁说话，这将决定你如何识别被引用的对象。在写邮件地址时，你最好写上你的姓氏。对于美国国税局或股票经纪人，你可能必须使用社会保险号码。人事档案只能输入员工编号。如果人事档案可以按姓名查寻，则需要一些非常特殊的规则，例如，全部用大写字母、姓氏前接逗号、所有超过 25 个字符的姓名都要截断等。

- 你甚至可以为同一件事物选择若干相同"类型"的不同名字。

    ◆已婚妇女通常为了职业目的保留婚前姓氏。人们有艺名、笔名、别名，有时还有几个昵称（如查尔斯的昵称是查克和查理）。

    ◆一个人的名字可能有几种正确的拼写，特别是如果它是从外语音译而来的。试着找一下不同演出曲目中的《天鹅湖》作曲者。

    ◆当一本书由不同的出版商出版发行（可能在不同的国家），那么这本书可能会有几个国际标准书号（ISBN）。例如［Douque］。

    ◆如果你同意用电话号码作为电话的"名字"，那么将有可能同一设备有多个名字。同一部电话的名字可能还会有几种类型：外部号码和内部分机号码。

- 可以通过某人或某物与另一个已识别事物的关系来指代它：查理的姑妈，哈利的汽车，某个银行账户或抵押账户的户主。例如，"亨利·史密斯夫人"表示的是亨利·史密斯这个人的夫人，诸如这些指代可能是唯一的，也可能不是。

- 或者是该物品当前扮演的角色：邮递员、巴士司机、三垒手。

- 或者根据它的属性：红色的车、薪水最高的员工。

- 当然也可以用这些属性的组合：红色车车主的律师。同样，这些引用可能是模棱两可的，也可能不是。

- 我们常给某人写信是因为要与他所代表的角色（如某个部门的经理）开展工作。如果现在其他人接替了他的工作，我们则由衷希望他的继任者处理我们需要解决的事项。

- 名字有时用来描述被其命名的事物，有时则不然。"主街"可能是也可能不是镇上的主要街道。"透明胶带（Scotch Tape）"是苏格兰产的吗？有多少黑板是黑色的？我女儿小的时候有一个玩具称作"蓝色汽车"，但那是一头黄色的驴子。（抑或它是个玩具，而不是头驴？我们是否应该讨论一下动物的类别是否包括玩具、图画、雕像和其他动物的仿制品？你是否坚持认为这个玩具不是驴？）某天晚上，电视上的"8点钟电影"从7点钟开始。当然还有一些代码名，它们故意没有信息意义，甚至会引起误解。

- 一些名字已经嵌入了被命名事物的信息。在某些州，你可以从车牌号上判断出它是哪个县颁发的，或者汽车是否属于出租公司、租赁机构或者政府机构。一个账号通常包括银行分行号码。（这也与资质有关）前缀通常有特殊的含义，如计算机程序模块名字中的前缀。

• 在处理歧义时，我们有时会采用复杂的策略将候选数量减少到一个。有时这是一个预制的策略，例如，指定姓名和地址或姓名和出生日期。有时我们会用对话的方式来做："这是在 IBM（国际商用机器公司）工作的约翰·史密斯吗？""是的，但是有三个人都叫这个名字。""你上周参加了 ACM（美国计算机协会）会议吗？"等。

• 有时在提到某事物时却不知道具体指的是什么。侦探小说提到"凶手"，竞赛公告提到"胜利者"。这类似于在代数和编程中使用变量。（它与角色和代词也有一些相似之处。就角色而言，与使用变量引用相比，我们不太在乎到底是哪个人在扮演什么角色。变量和代词之间的区别并不是那么明显。）

我们将这些现象中的哪一种称为"命名"？没有答案。这没关系。

我们能区分命名和描述吗？

一方面，存在纯粹的命名或标识现象：一串字符除了指示引用的对象外没有其他用途；另一方面，具有关于事物的属性及其与其他事物的关系的信息。当然这两者有时是重叠的。

很少有"纯粹"的、不包含任何关于事物的信息的标识符。一个人的名字暗示着可能与其他人的关系；可以表示一个人的性别；通常传达着种族的线索；可能暗示着一些关于年龄或社会地位的信息；在某些形式下可能表示职业或学历。

> 即使是一个序列号也包含了被识别事物的信息。例如，当每个学生进入房间时，分配给他们的计数器显示谁是第一个、第二个、第三个等。

零件的序列号通常暗示着制造日期或地点的信息，或某些存在或不存在的特征信息。真空管编号包含了许多有关电气和机械规格的信息。国际标准书号（ISBN）包含了出版商、作者、书名和出版物类型。

名字是什么？

被命名的是什么实体？思考一下电话和电话号码（类似于信息处理系统中的信息处理）。如果将电话号码视为电话的名称，那么：

- 一部电话可能有几个名字（同一部电话有几个号码）。
- 给定的号码可以拨打多个电话：家里的几部分机或者经理和他的秘书的电话。
- 电话可以更改名称（号码）：电信公司更换有故障的电话，或电信公司分配新电话号码，或者你在搬家时转移号码。

为了进一步增加潜在的歧义性，通过 Skype（网络电话）等产生的"虚拟"电话号码又怎么命名呢？

或者可以创建一个新的抽象实体，如"消息目的地"（在电信系统中指"逻辑单元"）。然后，将一个电话号码视为一个消息目的地的名称，并处理消息目的地和电话（在电信系统中指逻辑单元和物理单元）之间的关系。这种关系可以是多对多的，并且可以改变。现在需要一些方法来识别（命名）所涉及的物理的电话机。

正如肯特所说，抽象的一个很好的用途是创建新的概念

（如"消息目的地"），以掩盖现有概念的歧义性。它可能无法解决潜在的数据问题，但它将为我们提供一个"桶"来装所有的东西，以便最终可以通过一处查找来解决数据问题。

熟悉的信息又来了：你作为观察者可以自行应用概念来获取表示现实世界的工作模型。

唯一性、范围和限定符

一个名字是指一个事物还是多个事物，取决于可供参考的候选对象集。这组候选对象包括一个"范围"，它通常隐含在所命名的环境中。提到"哈利"通常被理解为指在房间里的哈利。一封写给"波特兰"的信（没有指明州名时）如果在西海岸邮寄，可能会投递给俄勒冈州；如果在东海岸邮寄，则可能会投递给缅因州。作用域的边界和隐含的默认规则通常是不清晰的：我不知道如果信是在伊利诺伊州寄出的，那么它会去哪里。

回想一下之前关于语境的讨论。"唯一性的范围是什么？"这是分析师或模型师经常提出的问题。背景越广，整合的努力就越大。如果一所大学的招生部门和校友事务部门对"学生"的定义各不相同，那么仅为招生部门建模比为整个大学（包括校友事务）建模要容易得多，因为我们可以避免多重认知相关的整合问题。

限定，即名称中附加术语的规范，通常通过使预期的范围更明确，来解决此类歧义。在这种情况下，添加州名称将（部分地）解决歧义。

作用域通常是嵌套的，我们通常采用混合约定：较大的作用域是隐式的，但其中的子作用域是显式指定的。这就是部分限定。哥斯达黎加和美国都有圣何塞市。让我们想象一下，如果加利福尼亚州中有一个称为哥斯达黎加的"地区"，那么地址"加州圣何塞"虽然合格，但仍然不明确。信件是否到达预定目的地取决于邮寄地点所隐含的"默认范围"（即国家）。

甚至连城市名称也是一个范围，解决了很多城市存在的街道地址模糊问题。街道名称选择了一系列的门牌号。一个完整的地址是一系列范围限定符。

电话号码提供了熟悉的资格认证示例。一个（7位数）的电话号码肯定不是唯一的；它可能存在于许多不同的区号中。在这里，范围的边界和默认规则都定义得很好。顺便说一句，电话号码说明了在实际命名惯例中可能出现的一些异常情况：

• 不同形式的名称在不同的范围内有效：对于本地分机，它们是4位数；对于外部号码，它们是7位数加上一个可选的区号。

• 形式和内容（语法和语义）混合在一起。你不能指定独立于所涉及数字的命名规则。某些初始数字是为某些功能保留的。在美国，如果你拨的第一个数字是0，那么你拨的就是接线员，而不是选择一个范围。当然，3位数是有效的目的地，而不是7位数的一部分（如411代表信息类电话号码）。

• 命名约定可能取决于命名的范围：另一个位置的电话可能有不同的约定来获取外线、本地分机等。

特意设计的非唯一性

通常情况下，事物没有唯一名称。当系统中没有单独表示这些内容时，这不会产生任何问题。例如，在零件（管理）的场景中，我们有一个零件类型的命名代表；单个实例的存在只反映在"现有数量"属性中。

然而，考虑一下类似于一个军事单位的组织表。职员可能有几个职位，每个职位都有相同的工作描述和技能要求。我们希望它们分别得到代表；它们是这个结构中的永久实体。我们要为它们记录的属性（或关系）之一是当前担任该职位的人的姓名。当职位空缺时，与实体相关联的信息是相同的。当我们要解决其中一个问题时，例如，指派某人担任某项工作，只需提及"任何一个空缺的职员职位"就足够了。对于这类信息，实体不需要唯一的标识。

系统中表示的每个实体都必须具有唯一的标识符。我认为这是特定数据模型所强制的要求（这可以让许多事情更容易处理），但这不是信息的固有特性。

> 正如肯特所说，对唯一标识符的需求是由当今使用的数据库管理系统以及快速获取单个记录的性能要求强加给我们的。我们组织信息的一部分工作是确定什么使某个实例在每个实体类型中成为唯一。在幸运的情况下，零件有零件号，员工有社会保险号码，订单有订单号码。然而，我们经常发现，从理论上讲，这些属性是唯一的正确属性，但是实际信息由于键入错误、模糊的业务逻辑或信息不可用而产生异常。
>
> 此外，一个实体类型可能没有一组唯一的属性。在这些

情况下，我们通常创建一个被称为"虚拟键"的属性。虚拟键是由数据建模者创建的一个属性，用于确保在一个实体类型中，当没有任何真实的属性时，该属性是唯一的检索实体实例，也就是说是真实的商业信息。

有效资质

通常，给事物赋予唯一限定名称的技术只是基于与其他对象的硬性规定关系。实际上，范围是与特定对象具有特定关系的一组事物。

例如，考虑用两个字段命名员工的家属，这两个字段由员工标识号和家属的名字组成。为了使这种约定生效，必须满足若干条件。

1. 限定符的唯一性

关系必须在亲戚中赋予简单名称的唯一性（即员工不能有两个具有相同简单名称的被抚养人）。奇怪的是，对于给定的例子，即使这样也可能不成立。如果该员工有几个同名的孩子，就会出现不正常的情况（或者对领养、再婚后出生的孩子，这种情况可能吗?）。更合理的是，他的妻子和女儿可能有相同的名字，或者他的父亲和儿子（合格的受抚养人也有可能是孙子）。

> 当拳击手乔治·福尔曼给他所有的儿子起名为乔治·爱德华·福尔曼（Jr.，Ⅱ，Ⅲ，Ⅳ，Ⅴ和Ⅵ）时，肯特可能会感到惊讶。

2. 限定符的奇特性

关系的命名实际上不必是一对多的，只要先前对每个亲戚的唯一性约束都成立即可。因此，一个人可能是几名员工的家属，并且只要没有员工有两个姓氏相同的被抚养人，便仍然可以唯一地被识别。

然而，这种情况确实产生了同义词：给定的受抚养人可以通过其任何相关员工的资格来识别。这可能会导致许多问题，如确定何时两个对受抚养人的引用实际上是对同一个人的引用。还有，当新员工列出他的受抚养人时，我们如何知道这些人中是否有人已经被记录为其他员工的受抚养人？（我们是添加新的从属记录，还是向现有记录添加同义词？）

为了避免此类问题，可以要求标识符没有同义词。那么就不能再通过其相关的员工来识别家属，除非我们想否认现实中一个人可能是几个员工的受抚养人。

3. 限定符的存在性

每个实体出现都必须存在限定符。因此，这种关系不能是可选的。每个受抚养人都必须对应一个员工。如果福利计划被扩大，比如说作为一项慈善社区服务，覆盖与任何员工无关的贫困人群，那么这种实体识别系统将不再有效。

4. 限定符的不变性

这种关系必须是不变的（不可修改的）。这种关系构成的信息被冗余地散布在这个实体所引用的所有地方。如果信息可以更改，就有可能出现巨大的更新异常。（限定名因此违反了关系第三范式［Codd 72］，［Kent 73］的精神）即使上述要求也无法通过引用的示例来满足。出于税收目的，两名已婚员工可能希望更改其中一人声称哪些子女为受抚养人的做法；这种更改必须在引用这些子女的每个限定词中传播。

命名约定的范围

再看油井问题。美国石油学会为一些油井（但不是全部）分配 API（应用程序接口）代码，石油公司会使用自己的约定和格式为自己的油井命名。有些油井是共同拥有的，每家公司都会根据自己的规则命名油井。

在用于管理某个区域所有油井数据的数据库中，没有一个统一的命名约定适用于所有油井。API 代码仅适用于那些有这个代码的油井。否则，在知道适用的名称格式之前，你必须知道油井的所有者是谁。（或者对于共同拥有的油井，使用的是哪个所有者的命名约定）当一家公司编写一个只查看自己油井的应用程序时，它希望看到并使用自己的名称。第二家公司编写应用程序时希望看到并使用自己公司的名称，即使涉及的一些油井是相同的。

通用解决方案是为数据库中表示的所有油井开发一个全新的命名系统（约定）。现在每个人都要学习一套新的名字，并把其和他们已经知道的名字关联起来。当几个这样的数据库被集成在一起时，令人头痛的问题就会再次出现。

改名

生活中名称确实会发生变化：人、街道、城市、国家、公司、部门、程序、文件、项目、书籍以及其他出版物等。零件编号系统不时也会更改。错误通过更改被修正。

你是如何检测并处理旧名称的引用的？又花了多长时间呢？这和处理同义词是一样的吗？

常见的解决方案是：要么禁止改名（假装现实中不发生），要么为数据系统生成新的命名方案，然后将其他的（可更改的）名称作为它的属性。当然，后一种解决方案是要付出代价的：增加存储和索引这个名称所需的空间；出现新的"非自然"名称时需要解决学习和处理问题；某些访问方法可能会丢失"关键"特性。

不同于内部无显性关联的实体，依赖于符号路径关联的系统（如关系模型）还不能轻易地处理改名［Hall 76］。虽然这些都是事实，但是我们不确定到底这是好事还是坏事。

当系统不允许改名时，可以通过删除实体，然后将它作为"新"实体重新插入新名称下的方式来绕过系统。不幸的是，有时很难发现与旧实体相关联的所有属性和关系，以便重新建立新实体。有时删除和插入可能会引发一些语义上不符合期望的东西，由系统强制执行，而更改名称的应用程序可能对此不知情。例如，采用这种方式调整员工身份，可能会在他的工作经历中出现一次离职和入职。

版本

通常，一个事物同时有多个版本可用，这反映了事物在各种变化之后的状态。它可能是一个文档（如一本书不同批次的印刷或版本）、一个程序或一组数据记录。

版本的中心问题是，我们不能决定我们处理的是一个事物还是多个事物。例如，"工资计划"这个概念，执行操作所隐含的是"当前版本"。另外，有时也会显性地指代旧版本。又如，为了复现上个月某个错误是如何发生的，可能需要重新运行当时最新的程序版本。在这种情况下，我们明确地知道几个版本是不同的实体，并且必须在命名过程中指定所需的版本。

名称、符号、表示

名称是什么？符号又是什么？"小刘""25""蓝色"这几个词之间除了名字不同之外，还有什么本质的区别？

为什么要分开符号和事物？

名称是个"代表"吗？

在语言学中，"符号"本身就是它所命名事物的代表，我们别无选择。在传统的语言（书面和口头）交流中，包括与计算机的交流，我们也是使用这些字符串来表示正在交流的事物。这使一些人认为，我们必须使用这样的符号作为实体的代表。

但在建模系统中，我们有这样一个替代方案。我们可以假设在一个建模系统中存在着其他类型的对象，它作为系统外部事物的代表（代理）。

"实际上"系统中有一些东西（如控制块、虚拟内存中的地址或者类似的计算机构件）可以代表真实的东西。一旦如此，我们可以把事物的符号与事物本身分开来讨论。

这在我们的经验中有什么是相似的吗？我们有没有用语言以外的东西来交流呢？我们用过图片吗？

想一想我们经常使用图表来补充语言交流，帮助处理符号中的同义词和歧义部分。我们的"事物"在任何标签被写入之前，本质上是图上的一个节点。我们可以在编写标签之前决定该节点代表什么，然后我们有各种选项来选择标签，甚至可以在不同的时间来更改标签。同一个标签也可能出现在另一个节点上，但是我们知道它代表其他的东西。我们可能不用描述任何标签，因为我们可以通过它与其他节点的关系来引用它。所有这些，节点始终是某件事的代表，而与标签本身无关。

这并不是说我们可以没有字符串。在描述和引用所代表的事物时，它们绝对是不可或缺的。我们所做的是把表示事物的主要责任从字符串转移到对象和链接系统上，然后我们使用字符串进行描述和交流。这种责任的转移使我们在如何使用字符串方面有了更大的自由，并帮助我们摆脱了许多根源于符号的模糊性和同义性的问题。

有一种设想，将标签从节点中取出，把一个对象与它可能关联的各种符号分开处理，其可行性缘于：

• 我们可以处理根本没有名称的对象（至少在简单的标签或标识符的意义上）。我们可以支持引用对象的其他方式，如通过它与其他对象的关系。

• 符号可以与命名的对象本身无关，符号对象在模型中对命名对象进行引入和描述（约束）。由此可以引入数据类型的语法，如社会保险号码、产品代码等。

- 命名规则可以简单地表示为事物类型和符号类型之间的关系。

- 符号之间可以表达其他有用的关系：同义词、缩写、编码、转换。

- 事物和字符串之间可能存在各种关系：

  ◆ 现在的名字和过去的名字。

  ◆ 法定姓名与假名、别名等。

  ◆ 婚前姓氏与婚后姓氏。

  ◆ 主要名称与同义词。

  ◆ 名称与描述。

  ◆ 哪个名字（表示法）适合哪种语言（或其他上下文）。这在多语种环境中非常有用。例如，联合国、欧洲经济共同体、跨国公司，以及加拿大、瑞士、比利时等国家和地区。

- 名称的结构可以与对象的结构区分开来。例如，一个特定的时间，比如你出生的那天，是一个单一的概念或一个单一的实体。然而，它的表达方式有多种形式。大多数传统的标记法占用 3 个字段，然而在朱利安记法（Julian notation）中只占 1 个字段。（还有其他需要考虑的问题：用年、月、日表示日期与用英里、英尺和英寸表示长度真的有什么不同吗?）因此，我们通常应该避免混淆对象的结构与其名称的结构。

- 这种分开可以区分给定事物的不同类型的名称。例如，人员姓名、员工编号、社会保险号码。这些类型本身就是模型中可用信息结构中规范的一部分。

- 通过区分事物集和符号集，我们可以避免混淆几种断言：

  ◆ 关于真实事物的断言："每个员工都必须被分配到一个部门。"

  ◆ 关于符号的断言："部门代码由一个字母后跟两个数字组成。"

◆关于事物和符号的断言："一个部门只有一个部门代码和一个部门名称。"

简单歧义

"这完全取决于你用模棱两可想表达的意思。"

我们绝不能忽视那些普通而熟悉的歧义，它们对我们的交流造成了很大的混乱。大多数单词确实有多重含义，我们无法逃避。一些评论和推论如下：

• 意义的多样性证据，可以参考字典中每个单词的平均定义数量，再扩展到所有类型的词典。例如，专业术语的词汇表、各种不同专业中使用的不成文的各种行话、技术文章开始时所定义的所有术语、不同地区和不同国家允许使用的各种情况，以及俚语和隐喻。

• 如果我们在数学意义上考虑概念集和单词集的相对大小，歧义似乎不可避免。如果我们把每一种意思的痕迹、每一个细微差别和插值都看作一个单独的概念，那么进入我们头脑的概念集合似乎是无限的。另外，由较小有限字母组成的合理长度单词（如少于 25 个字母）的数量相比较而言是相当少的，而很多这样的单词就会不可避免地被用来表达多种概念。

• "模糊性非但不是一个难题，反而在交流和管理过程中是一种便利，甚至是必需的。应当指出的是，在日常的人类交流中，扩展和修改词义的能力是必不可少的。生活中发生的情况比我们现成的称呼要多得多。即使像 'chair' 这样简单的词，在使用中也有各种显而易见的复杂性。它的模糊性是因为它有多个不同的应用领域。（除了通常的，我们有 '主席（chair）现在能认可我的动议吗？' '你愿意主持（chair）这次会议吗？'）模糊性与可能指代多个对象的概括性是密切相关的。事实上，如果没有概括性，语言几乎是不可能的。想象一下，我们在谈论'chair'之前，必须给每个'chair'起一个新的专有名称。就'延展性'而言，有人做了一件被称之为'椅子'的起居用品，但其他人可能会非常不情愿地坐上去。事实上，'chair'的概念在不断演变"[Goguen]。

- 法律术语的复杂性证明了精确和无歧义表达的难度。

- 数数有多少一语多义、双关语和笑话就知道了（如"walk this way"）。

- 如果你仔细听，就会发现在日常对话中不断出现各种有歧义的情况。如果你听得太仔细，可能会把你逼疯。考虑：

  ◆ 当接待员让你"穿过和昨天一样的门"时，她指的是门道，而不是门本身。你在意木匠在此期间把门或者门框给换了吗？

  ◆ "在第二个红绿灯处左转"是指你应该在第二个有红绿灯的十字路口左转，而第一个这样的十字路口可能有两个红绿灯。

- 为什么我们应该期望描述客户的业务语言比描述我们自己的语言更易理解，至少是不那么含糊。数据理论家已经准备好对以下任何词汇展开辩论：数据、数据库、数据库管理员、信息系统、数据独立性、记录、字段、文件、用户、最终用户、性能、导航、简单性、自然性、实体、逻辑、物理、模型、属性、关系、集合、完整性，安全、隐私、授权……

代理和内部标识符

一些替代模型使用某种内部结构来表示实体，充当实体的"代理"（[Hall 76]）。代理项将出现在所有引用实体的数据结构中，命名的问题可以通过将结构化或含糊的标识符隔离在表示属性和关系的结构之外来解决。

这些代理最终必须以某种形式的符号字符串在计算机内部实现，因此有时认为这些代理本身就是符号。

我们需要了解代理和普通符号之间的一些基本区别：

• 代理无需向用户公开。只有普通符号在用户和系统之间传递。从概念上讲，涉及代理的模型表现为一个事实（如将员工分配到某个部门）分两个阶段处理。首先找到员工和部门标识符对应的代理（即名称解析），然后把这两个代理放在一起代表事实。

• 用户不会指定代理的格式、语法、结构、唯一性规则等。

• 代理的目的是与其所代表的某个实体一一对应。相比之下，符号和实体之间的对应通常是多对多的。

• 代理是原子的、非结构化的单元，即它占用多少个字段都可以。

代理键是自然键的替代品，使用它来促进集成和提高数据库效率，它通常是计数器。创建的第一个实体被分配一个代理键值是"1"，创建的第二个实体的代理键值是"2"，等等。此外，还需要注意的是，代理键并不总是实现为全局唯一，有时它们只是在功能区域或应用程序中是唯一的。

相同（相等）

与第二章中的存在性测试相对应的是相等测试。判断两个符号什么时候出现是指向同一个实体呢？（在本文中我们泛指"符号"，包括短语、描述、限定名等）一般来说，不同的模式适用于不同的实体类型。它和命名约定本身一样是一个可指定的特征。

测试

有几种方式可以描述相等测试：匹配、代理、列表和程序：

● 匹配测试基于符号之间的简单比较。当且仅当符号本身相同时，它们才被判断为指向同一个实体（根据判断相同性的规则，如大小写、字体、大小、颜色等）。地址通常是这样处理的：字符序列中的任何变化都意味着地址不同。

● 在代理测试中，每个符号都被解释为指代某个代理对象（如一个记录的发生）。如果两个符号都指向同一个替代项，则判定这些符号相等。（依照［Abrial］："相等总是意味着内部名称是相同的。"）

● 列表测试包括一个简单的同义词列表。也就是说，它们可能会指出哪些颜色的名称是同义的，（深红和朱红色可能一起出现在一家公司的名单上，但在另一家公司的名单上则没有）或者给出给定术语的各种缩写形式。如果两个符号出现在同一个列表中，则认为它们相等。

● 程序测试会用到一些强制程序，通过该程序可以判断两个符号相等。这类测试通常与数值数量有关。

一般我们不会认为数值数量的相等性测试与非数值类型的相等测试具有相同的特质。对于数值数量，通常涉及许多因素：

● 如果一开始就用相同的"规范"，即以相同的测量精度和记录精度，则更容易判断数量相等。

● 数量需要"转换"为通用计量单位、数据类型、表示方法等。这些实际上是用程序上的同义词代替原始符号。

● 在许多情况下，两个符号数量只需在一定的误差范围内相同（"模糊"）即可判断为相等。这是识别同义符号的另一个过程，实际上类似于显式的同义词列表。（认为深红和朱红色相等实际上是一种模糊形式，对某些人来说，这两种颜色的差异是显著的。）

等式测试和存在性测试之间肯定存在一定的相互作用。并非所有的等式测试都适用于每个存在性测试的实体。

失效

当相等性是基于符号匹配时，可能会产生几种错误的结果：

- 如果事物有别名，那么比较同一事物的两个不同名称，不会检测到相等。

- 如果符号是有歧义的（同时对应几个事物），则会出现虚假匹配。不同的事物会被认为是一样的，因为它们的名字是一致的。

（当涉及限定名时，可能会出现另一种虚假匹配，参见第八章。）

当试图检测基于匹配符号的隐式关系时，以上关注点尤为重要。当支持别名时，通常我们必须知道：

- 什么时候两个符号代表的是同一事物。

- 用哪个符号来回答这个问题。

- 当使用一个新符号时，这个指的是新对象还是已有的对象。

史蒂夫心得

- 建模约一半时间是花在获取构建、替换或增强业务应用程序的需求上。大部分时间都在试图用精确的表达来描述不明确、模糊的世界。

●我们能区分命名和描述吗?

●很少有"纯粹"的不包含任何关于事物的信息的标识符,即使是一个计数器也包含有关被识别事物的信息。

●抽象的一个很好的运用是创建新的概念(如"消息目的地"),以掩盖现有概念的歧义性。它可能无法解决潜在的数据问题,但它将为我们提供一个"桶"来装所有东西,以便最终可以通过一处查找来解决数据问题。

●上下文持续发挥重要作用。例如,在本章中,"唯一性的范围是什么?"

●改名的常见解决方案:要么禁止改名(假装现实中不发生),要么为数据系统生成一个新的命名方案,并将其他(可更改的)名称作为它的属性。

●大多数词汇确实有多种含义,导致产生很多歧义。

●代理键是自然键的替代品。IT部门使用它来促进集成和提高数据库效率。

●有4种相等性测试:匹配、代理、列表、程序。

第四章 关 系

关系是构成信息的要素。信息系统中几乎每个事物都存在一种关系。

关系是若干事物之间的一种关联，这种关联具有特殊意义。为简便起见，我将把关联的意义称为"原因"。你和你的车之间存在关联，因为你拥有它。老师和班级之间有关联，因为他在这个班级教课。零件和仓库之间有关联，因为零件存储在仓库里。

关系可以被命名，现在我们将用这个名称来描述关联的原因。通常，我们必须小心避免混淆种类和实例。我们常说"拥有"是一个关系，但它实际上是一种包含很多关系实例、关系种类：你拥有你的汽车，你拥有你的铅笔，别人拥有他的汽车。如果是这个意思，我经常（但不总是这样）使用无条件的术语"关系"来表示一个种类，并添加与其相关的"实例"这个术语。所以，准确地说，我们最初的定义是关系实例。然后，关系就变成了具有相同原因的这些关联的集合。

请注意，原因是关系的一个重要部分。仅仅识别所涉及的对象是不够的；同一组对象之间可能存在几种不同的关系。如果同一个人是你的兄弟、你的经理和你的老师，这就是你和他之间存在 3 种不同关系实例。

我始终提醒自己，数据模型中命名关系的词必须能很好

地描述业务原因。我尝试使用诸如"包含""拥有"和"分

配"这样的动词，而不是像"关联""相关"或"有"这样一些通用的、业务特征不明显的术语。相比员工"拜访"客户，员工"与"客户"有关联"，后者对关系的定义太宽泛。

程度、领域与作用

目前，我们只研究了涉及两个事物的关系实例。它们也可以是更多"元"情况。如果某家供应商将某个零件运送到某个仓库，则这是三元关系的一个例子。如果该供应商通过某家卡车运输公司将该零件运送到该仓库，那么就有了四元关系。

我们必须区分"元"和另一个令人困惑的相似概念。如果一个部门聘用 4 个员工，我们可能会认为这是 5 个事物之间的联系。如果另一个部门聘用 2 个员工，我们会认为是这 3 个事物之间发生联系，但是通常不能笼统地认为"聘用"关系可以是"任意元"。

我们分几个步骤来解决这个难题。第一步，将关系种类（而不是实例）看作是以一系列类别（如部门和员工）的形式组成的一种模式。这种关系种类的实例包括每个类别中的一个事物（即一个部门和一名员工）。这种关系种类的元就是定义模式中类别的数量。我们所做的是将"员工"关系从一个部门和所有员工之间的关联缩减到一个部门和其员工之一的关联。当然前者也是一种合法的关系，很难对其进行任何定义上的约束。我们只处理后一种形式的关系。

还可能有另一种情况，即将一个部门和它所有员工之间的关系看作是两个事物之间的关系，其中第二个事物是部门所有员工的集合。这引入了一种新的结构，即员工集合作为一个单一对象，员工属于集合，集合与部门相关。这种情况下，关系是间接的。这种情况一般不会被采用。

将关系模式指定为一系列类别有时限制性太强。有许多关系允许多个类别出现在同一个"位置"，就像一个人可以"拥有"许多种类的事物一样。因此，我们引入术语"域"来表示在关系中某个给定位置上可能发生的所有事情。一个域可以包括几个类别。因此，我们可以将"拥有"关系描述为有两个域：第一个域包括员工、部门和分部等类别；第二个域包括家具、车辆、文具、计算机等类别。

在以下情况中，"域"和"类别"可以被视为相同概念。如果①我们所处理的系统允许重叠类别，如联合（unions）和子集（subsets）；②系统不会以无法承受的性能或存储要求为代价，来维护许多并未说明的类别；③把所有拥有物品的人看作一种实体，把所有拥有的东西看作另一种实体，而不会影响我们的直觉。

改进关系规则的最后一步是多一些内容、少一些形式。我们可以指定唯一的"角色"名称来描述它在关系中的功能，而不是将它分配给模式中的顺序位置，如"所有者"和"拥有"。因此，关系可以被指定为一个无序集合（而不是顺序模式）的唯一角色名称。角色名称的数量是关系的"元"。每个角色均指定了一个域。

当多个角色来自同一个域时，角色名称特别有用。例如，"管理"关系的定义依赖于"管理者"和"被管理者"两个角色，这两者都来自员工域。

二元关系的形式

信息系统中的大量信息是关于关系的。然而，大多数数据模型并没有直接描述这些关系，而是提供各种标识技术（记录格式、数据结构）。大多数情况下，在数据处理系统中附带的约束条件是能够很好地支持某些形式的关系，但有些相当糟糕，也有些则根本不支持。

为了评估数据模型的能力，有必要对真实信息中可能出现的各种关系形式进行系统了解。接下来，我将讨论关系的一些重要特征。关系的特殊"形式"就是这些特征的某些结合。评估数据模型的方法包括确定哪些形式支持得很好，哪些形式支持得糟糕或者根本不支持。请注意组合的重点。在大多数数据模型中，可能需要设法找到一种方法来获得以下大多数的特性，一次只获得一个特性。挑战在于能够支持具有这些特性的各种组合的关系。

所谓"支持"的含义如：

- 系统以某种方式为关系明确约束条件（如它是一对多）。
- 系统随后具有强制执行约束条件的能力（如不允许记录把一名员工一次分配到多个部门）。

这种支持通常隐含在数据结构中（如层次结构），而不是显式声明。

> 请注意，肯特使用的术语"支持"等同于现在使用的术语"参照完整性"。

下面列出的一组特征可能不是很完整——我相信总是有可能想出其他

相关标准。简而言之，现在只考虑"二元"关系。大多数概念都可以很容易地概括为"n元"关系（任何程度的关系）。

完整性

关系可以是一对一（部门和经理、一夫一妻制的丈夫和妻子）、一对多（部门和员工）或多对多的（学生和班级、零件和仓库、零件装配）。员工与其当前部门之间的关系（通常）是一对多，而员工与其所工作过的所有部门（如人事历史档案中所记录的）之间是多对多的关系。

描述复杂性的另一种方法是将关系的每个方向分别描述为简单（映射一个元素到一个元素）或复杂（映射一个元素到多个元素）。术语"单数"和"复数"也被使用。因此，"部门的经理"在两个方向都是简单的；"员工的经理"在一个方向上是简单的，在另一个方向上是复杂的。给定的关系在两个方向都可能是简单的或复杂的，因此对于关系"形式"的数量，可能存在4种可能性。

后一种观点的一个优点是，它与数据提取的某些方面能够很好地对应。通常情况下，一个关系是朝一个方向传递的（如找到某个指定员工的部门）；数据处理系统通常必须预测结果是包含一个还是多个元素（如一个员工是否可能在多个部门中）。相反方向的复杂性几乎不受关注（如该部门是否还有其他员工）。

因此，如果一个指定的方向是复杂的，关系是$1:n$还是$m:n$无关紧要。如果指定的方向是简单的，$n:1$和$1:1$之间的区别可能就更无关紧要了。

有趣的是，邮政编码与美国各州之间的关系几乎是多对一的。因此，邮政编码目录是按各州内的邮政编码进行分层组织的。但实际上跨越州边界的邮政编码有 4 个，这种关系确实是多对多的。邮局通过在目录前面列出例外情况来解决这个问题。

类别约束

二元关系的任何一方都可能被约束到一个单独的类别，或者被约束到几个指定类别中的任何一个，或者是不受约束的。（每方有 3 个可能性，总共有 9 个组合）对单个类别的约束可能是最常见的情况，如上面"复杂性"例子所示。

对一组类别的约束，例如，当一个人可以在几个不同的类别中"拥有"东西，或者所有者可能是个人、部门、分部、公司、机构或学校。如果是允许重叠类别的数据模型，则可以通过将其他类联合定义为一个新类别来避免这种情况。

> 还有一种情况是子类型化，这是指定义一个称为超类的通用概念，该概念包含其他实体类型（称为子类型）的所有公共属性。例如，事件的通用概念中可能包含不同类型事件（如订单、退货和装运）的公共属性。事件被视为超类，订单、退货和装运被视为子类。

很难想象会存在一个本身不受类别约束的关系，（即适用于每一种事物的关系）但在实际的数据处理系统中以这种方式处理关系通常是有意义的。也许这种关系确实适用于这个特定数据库中表示的所有内容，或者可以应用于太多的对象，以至于不值得检查少数异常。也许安装程序不想产生强制执行约束的消耗，而信任应用程序只声明合理的关系。或者，系统可能根本不提供任何机制来声明和执行这些约束。

自循环关系

存在 3 种可能性：

（1）同一类别事物之间的关系是没有意义的。

（2）同一类别内的事物可能是如此相关，但事物可能与其自身无关。

（3）事物可能与其自身有关。

第一种情况可能也是最常见的；第二种情况常常出现在诸如组织结构图和零件装配中；第三种情况的典型例子是政府代表（代表本人是他自己的选民之一），以及资金驱动的拉票人（拉票人从他自己那里收集选票）。

顺便说一句，我举的都是一些简单的例子，类别是相互排斥的。当类别重叠时，如在子集中，情况可能会更复杂。

自循环关系是通过递归关系在数据模型中进行描述的。递归关系是以同一实体类型开始和结束的关系。递归关系允许很大的灵活性，但是代价是降低了模型的可读性，使得业务规则让人费解。

例如，在下图中，我们可以看到两种销售组织建模的方法。

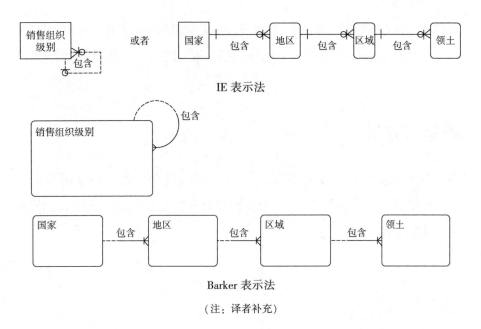

IE 表示法

Barker 表示法

(注：译者补充)

　　与其自身（图左侧）相关的实体"销售组织级别"形成了极具灵活性的结构，因为级别可为任何数量，规则可以任意更改，地区现在可以包含区域，而不是区域包含地区。然而，灵活性的代价常常是会产生让人费解的东西，因为递归隐藏业务规则，使其成为更具挑战性的交流工具。IE 表示法图中右侧的模型并没有递归。这个模型清楚地显示 4 级关系。如果有第五级关系，那么需要花费精力修改模型，并更新已生成的数据库和代码。

可选性

　　对于二元关系的任何一方，这种关系可能是可选的（如不是每个人都结婚了）或强制性的（如每名员工都必须有一个部门）。我将这种情况算作 4

种组合（各方有两种可能性），尽管可能还有更多组合：其中一个域可能包含多个类别，在某些类别中关系是可选的，而在其他类别中则是强制性的。

表格的数量

即使是这个有限的特征列表，我们已经有 432 种形式（4×9×3×4）。这个数字可能包括一些对称性、重复性和无意义的组合，即使去掉这些之后，清单内容也相当多。

其他特征

对于信息系统来说，关系可能还有许多其他特征值得描述。（我们仍然只关注二元关系）

可及性

对于某些关系，如果 X 与 Y 相关，Y 与 Z 相关，则 X 自动与 Z 相关。对于排序关系（小于、大于）和对等关系也是如此。只有当关系的两个域都包含同一个类别时，这个特征才有意义。

对称性

对于某些关系，X 与 Y 相关意味着 Y 与 X 具有相同关系。对等关系也

是如此，如"与某人结婚"。(在后一种情况下，两个域都是"人"，男女
类别之间的"是某人的丈夫"是"不对称的"。) 同样，对称性只有在两
个域都包含相同类别时才有意义。

值得承认的是，纯粹的对称关系只能勉强适合这种关系的一般结构。
首先，这两个角色（以及两个域）是相同的。在"与某人结婚"关系中，
双方的角色都是"配偶"，正如双方的域都是"人"。因此，我们不能再把
"元"等同于（不同）角色的数量。还有我们前面使用的"模式"概念并
不完全合适。这是基于有序对的概念，每个位置都有一定意义。在这里，
我们实际处理的是无序对：无论以哪种方式排序，信息都是相同的。说 A
和 B 结婚与 B 和 A 结婚是一样的。很少有系统真正支持对等关系：任何支
持对等关系的系统都可能需要同时出现这两个对，即使它们是冗余的。

另一个难点是"元"的概念不太清楚。如果这种关系不局限于两个人
之间的关系（而"兄弟姐妹"则不是），那么我们就不能真正依靠直觉上
的"模式"概念来建立元的概念。这种关系可能更自然地被视为不同
"元"的关系，这取决于一个特定家庭中兄弟姐妹的数量。尽管如此，更
方便的是一次考虑两个人之间的关系并将其规范化为二元关系。

反对称性

对于某些关系，如果 X 与 Y 相关，则 Y 不能与 X 具有相同的关系，
如"是某人的经理""是某人的父亲"和全序。("小于或等于"是允许某
些对称性的偏序；"小于"是全序，是反对称的。)

含义（构成）

关系可以定义为两个其他关系的组合，即两个关系的发生意味着第三个关系。例如，如果某名员工在某个部门工作，而该部门属于某个分部，则该名员工属于该分部。或者，一种关系可能意味着另一种关系："是某人的丈夫"意味着"是某人的妻子"关系。相反的含义可能成立，也可能不成立。

一致性（子集）

通过将关系定义为另一个关系的子集，可以获得关系之间的某种一致性。例如，员工与其当前部门之间的关系是员工与其所有部门之间关系的子集，记录在人事档案文件中。

限制

我们可能会指定各种限制（参见［Eswaran］、［Hammer］）。一件事物可以关联的事务数量可能是有限制的（最大部门规模）。一种关系可能要求另一种关系是真实的。（员工的经理必须在同一分部或者必须有更高的薪水）"关闭路径"可能无效（即零件不能是其任何子组件的组件）。

关系的属性和关系

关系的实例可能有它自己的属性。例如，它是何时建立的（分配给部门的日期）。它本身也可以与其他事物相关。后续会对此再作阐述。

例如，实体类型"注册"解决"学生"和"班级"之间的多对多关系，并包含其自身的属性，如"注册日期"。

名称

关系有名称，并可能受各种命名约定的约束。

关系的名称包含有效信息。信息系统应该能够回答以下问题：

- X 和 Y 之间存在什么关系？
- X 涉及哪些关系？

命名约定

我倾向于使用一种约定来命名关系，但是有其他几种约定也用到了，而且在某些情况下，每种约定看上去都很合适。这些约定涉及对关系使用一个还是两个名称或者不使用名称。

没有名称

如果我们说的是员工并提到"部门"，则可以将其视为该名员工被分配到的部门。

约定是从一个给定的实体中，通过在另一端命名域来传递关系（选择路径）。

无论何时①关系是二进制的，②两个域是不同的，以及③这两个域之间只有一个关系，或者有一个约定选择其中一个作为默认值。

这个约定可以看作两个名称约定的退化形式，其中每个路径都有一个从目标域派生的名称。也就是说，"所属部门"是从员工到部门的路径名称。

一个名称

这种关系可以被赋予一个单一的中性名称，如"分配"或"库存"。如果我们想找到一个人的部门，我们会询问"人员分配"；如果我们想找到某个部门中的人员，我们会询问"部门分配"。

这是一个常见的约定，我倾向于使用它，但它并不符合我们大多数人的语言习惯；我们通常倾向于用不同的词来表达关系的两个方向。此外，如果这两个域是相同的，那么只有在提到角色名称时，约定才起作用。如果在关系的任何时候都提供了一个默认机制，那么这个约定可以包括没有名字的情况。

名称被省略了。

这是一个最好地扩展到 n 元关系的约定。与其参与域之间所有成对方向的组合，不如简单地命名一些域集合中的关系和值，并期望在其他域中与它们一起存在的所有值的组合作为答案。例如，如果为零件、仓库和供应商之间的三元关系指定一个名称（如"库存"），则可以使用诸如以下形式：

库存（零件 = 销子，仓库 = 西部，供应商 = ?）

或

存货（供应商 = ?，零件 = ?，仓库 = 西部）

两个名称

二进制关系可以在两个方向上传递，而且每个方向有时都有自己的名称（这两个方向有时被描述为两条不同的路径）。

一个名字和两个名字的混合体包括给关系取一个名字，但要求用某种方式被修改，以指明方向（例如，在被视为"反向"的方向上加一个减号前缀）。

这种约定可以消除对角色名称的需要，但它不能很好地扩展到 n 元关系。

> 我通常只显示一个名称（也称为关系标签），获取从父实体到子实体的业务原因。这是关系中最主要的业务规则，我只显示这一个名字，因为大多数情况下，人们可以通过读

取一对多侧的名称，进而从多个实体到一个实体获得名称。

例如，下面是关于我如何阅读以下模型中的规则。

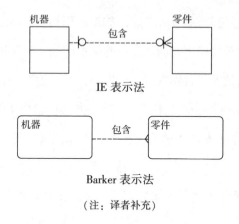

IE 表示法

Barker 表示法

（注：译者补充）

- 每台机器可能包含一个或多个零件。
- 每个零件可能由一台机器装载。

请注意如何假设关系朝相反的方向发展。在本例中，从"零件"返回到"机器"。另外，我从关系的一方开始顺时针读了这段关系，这恰好解释了肯特的话。他说，在某种程度上我们需要说明方向。我的标签也倾向于使用现在时态的动词，因为我们实际上是在构造句子，关系双方的实体类型是名词，描述关系的动词连接这两个实体类型。

关系和实例是实体

关系的实例就是事物本身，我们在系统中可能有关于它的信息。它们有属性。正如你有一个年龄，你与你的部门、配偶、车的关联也一样。对于某个仓库中的某个给定的零件（类型），有一定的现存量。

它们可以与其他事物相关。将某个零件存放在某个仓库中是由某个经理批准的。

关系实例可以相互关联（参见第八章）。

关系的实例可以通过识别关系和相关实体来识别（命名）："受聘于，约翰·琼斯，会计"，在真实系统中这些实例的复合名称通常不是显示表示的，而是隐含在文件记录中的定义和组织中。员工文件中的记录将明确包含"约翰·琼斯"和"会计"；"受聘于"是文件用户自己理解的，或者可以分解到某个文件或记录描述中。

史蒂夫心得

- 关系标签必须代表业务原因。
- "元"是参与特定关系的实体类型的数量。
- 相关整合意味着数据模型可以支持通过关系表示的业务断言。
- 关系特征包括复杂性、类别约束、自我关系、可选性和形式数量。
- 子类型化是一种流行的建模选择，有助于集成。
- 递归允许灵活性，但降低了模型的可读性并模糊了业务规则。

第五章　属　性

事物都具有许多的属性（Attribute）。例如，在介绍一个人的时候，可以描述这个人的身高、出生日期、子女数量等，这些都是人具有的属性；"我的汽车是蓝色的"这样的描述说明汽车具有颜色的属性；"纽约很拥挤"说明通过"人口数量"可以判断纽约是一个拥挤的城市。信息系统中很多信息记录的都是事物所具有的属性。

模棱两可的概念

"属性"是一个很常见的术语。虽然，并不能准确地说出它的含义，但是，并不影响我们使用这个术语。

这个术语在不同时期表示的含义是不同的，我很难把这个概念和我们之前讨论过的概念完全区分开。但是，不要被我举出的一些例子所误导。下文可以看到，我确实认为那些例子是可以用来说明其他东西的。

在使用"属性"这个术语的时候会有一些歧义。为了在解释说明这个概念的时候，不与其他的歧义产生混淆。首先让我介绍3个新的概念，希望能够帮助更好地理解正在探讨的内容。第一，每个属性都有一个主题（Subject），回顾在本章节开头部分所举的例子，人、汽车及纽约或城市都是属性的主题。第二，每个属性都有一个目标或对象（Target），是主题的另一端，如身高、蓝色和拥挤。第三，主题和目标之间存在着关系（Link）。例如，"纽约"和"拥挤"这两个词独立存在时，它们之间并没有什么重要意义，但是当它们两者之间表达出关系时就有意义，即，描述了"纽约"这个城市是"拥挤"的含义。

后面我还会再解释一下，其实这 3 个概念也不够完美，仍然会包含两个让人容易混淆的概念：类型（Type）和实例（Instance）、事物（Thing）和符号（Symbol）。

第一个容易混淆的地方是"属性"有时表示的是目标，有时表示的是关系。"蓝色""薪酬""身高"可以被定义为属性，"汽车的颜色""人的身高"同样也是属性。如果不加以区分，则可能陷入一个误区，误以为同一个结构可以表示"蓝色"这个概念以及带蓝色的所有事物的集。如果加以区分，那么在定义时最好小心用词。在一般情况下，你遇到的人用他们表达的意义可能跟你的用法是完全相反的。

我更倾向于使用"属性"这个词表达主题和目标之间的关联。但是，我也不敢保证在每次使用这个术语的时候都是表达一个意思。（或者其他人在使用这个术语时是否总是一致）

> 我经常使用"数据元素（Data Element）"这个术语。数据元素即可以表达逻辑层面的含义，也可以表达物理层面的含义。但是，如果使用"属性"这个词的话，我需要提醒自己，在表达物理层面含义的时候，应该使用其他术语，如"列（Column）"或"字段（Field）"。

第二个容易混淆的地方是对"类型（Type）"和"实例（Instance）"

的理解。我之前介绍的 3 个新术语也未解决这种歧义。有人会说"蓝色"
（或"我的汽车是蓝色"）是一种属性。但是，其他人会说在这个场景中应
该使用"颜色"（或"汽车的颜色"）作为属性，而"蓝色"（或"我的汽
车是蓝色"）是这个属性的"值"，也可以称作"实例（Instance）"或
"实际上发生的事件（Occurrence）"。我个人并不想在每次使用这些术语的
时候都进行严格区分，即使再严格地区分和使用这些术语，有时也会出现
歧义的情况。

> 对"类型"和"实例"的讨论和理解，不仅与实体和关
>
> 系相关，在本章节中，也与属性相关。

第三个容易混淆的地方与事物（Thing）和符号（Symbol）有关。关
于这两个概念的理解，我的新术语也未能起到帮助作用。当我探究一些与
属性的目标相关的定义时，我感觉指的是一种表象或表现形式。（我无法
从给出定义验证这一点）例如，4 个字母序列"b-l-u-e"或特定的字符序
列"6 英尺"。（出现在定义中的类似于"值"或"数据项"这些词，在定
义中并没有合适的说明。）如果按照字面意思来理解，由于"值"或"数
据项"本身是不同的，那么我认为用"72 英寸"来表示我身高的属性和
"6 英尺"所表示的属性是不同的。德国人说我的车是"blau"，法国人说
我的车是"bleu"，他们所说的属性与"my car is blue"也是不同的属性。
也许我的真实意图并不是这个意思，也许他们真的愿意将我的身高看作是
两个点之间的空间，而很多符号都可以作为它的表现形式。但我不能确定
他们的意图。

总之，虽然以下所列举的几个例子代表了不同的含义，但是，这几个
例子可能都符合"属性"的概念：

- 颜色的概念。

- 蓝色的概念。

- 这些字符串之一："blue""bleu"和"blau"等。

- 汽车普遍被认为有颜色。

- 我的汽车是蓝色这个事实。

这些概念上的歧义可能已经通过刻意定义得以解决，有些人为之付出了值得称赞的努力。然而，我所看到的很多定义活动，未对其他关键术语进行定义或定义不明确。因此，我们并没有合适的工作基础来应用这个概念。

结合上下文理解本书的内容是一个重要的手段。之前我说过，大学里的招生部门和校友部门对学生的定义是不同的。两个部门对学生的定义都是正确的，但是，如果结合上下文来理解的话，比如我们的范围是一个特定的学院或是整所大学，问题就会频繁出现。

肯特在本节中的讨论也需要结合上下文来理解。一家汽车制造商会比一家酒店更关注汽车的颜色。对汽车制造商来说，为了更加准确地描述汽车的颜色，会定义一个完整的专业的颜色集，其中准确地定义了每一种颜色以及不同颜色之间的差别。而对酒店来说，完全没有必要将颜色区分得那么明确，只要能够描述汽车的大致颜色就可以。因为对他们来说，只需要满足服务人员能够根据车主写下的车型和颜色快速找到汽车即可。例如，酒店的旅客描述他们汽车颜色的时候使用"黄橙色"和"橙黄色"都可以。

结合上下文来理解，就可以更好地区分"类型"和"实例"、"符号"和"文字"、"属性"和"关系"这些概念。

在我写的《Data Modeling Made Simple, 2nd Edition》中，我经常引用格雷姆·西蒙森（Graeme Simsion）写的那一章节来说明数据建模者如何与项目其他成员进行合作。这一章节告诉我们一个很关键的信息是，数据建模者需要经常提出一些更高层次的问题。也就是说，当看到一个模型时，不要过度地关注客户姓氏的长度或者成本中心的拼写是否正确，而应该提出诸如"设计这个数据模型的目的是什么?""这个模型是给谁做的?""这个数据模型的范围是什么?"，即那些确保建模工作选择了正确的上下文场景的问题。

属性与关系

我不是很担心"属性"术语的这些歧义问题。对我来说，这些问题与更大的担忧相比并不那么重要。我不知道为什么我们应将"属性"定义为一个单独的构件。我无法说出属性和关系之间的区别。（精明的读者可能已经注意到，我已经在前面的两章中指出，属性和关系构成了信息系统的大部分信息。）

相反，试着考虑不能建立为关系的属性；可通过客户的姓氏为实体类型客户和姓名之间建立一种关系。订购日期可以为订单和日期实体类型之间建立一种关系。如果建立的概念越重要，那么这个概念成为关系和实体类型的可能性就更大，而不是属性。回顾一下前几段关于上下文讨论的内容。例如，美国环境系统研究所公司（ESRI）创建了 ArcGIS 地址数据模型（ArcGIS Address Data Model），该模型能够精确地处理信息，因此，定义为属性的许多概念显示为关系和实体的类型。（可通过在网页搜索引擎中输入"ArcGIS 地址数据模型"查看这个模型）

"亨利·琼斯在会计部工作"这一事实与"亨利·琼斯体重 175 磅"这一事实有着相同的结构。"175 磅"似乎是属于"重量"分类中的实体名称，正如"会计"属于"部门"分类中的实体名称。这两个事实都为实体之间建立了关系。这两个事实（关系）本身都具有某种属性：自 1970 年以来，亨利·琼斯（Henry Jones）一直在会计部工作。同时，自 1970 年以来，亨利·琼斯的体重已达 175 磅。

以上这两个事实都是对对称问题的回答：

- 亨利·琼斯在哪里工作呢？
- 亨利·琼斯的体重是多少？
- 谁在会计部工作？
- 谁体重达到 175 磅？

以上这两个事实可以通过对称的遍历法来回答如下问题：

- 谁和亨利·琼斯在同一部门工作？
- 谁和亨利·琼斯体重一样？

松德格伦（Sundgren）尝试根据目标是否是系统中的对象进行区分，而没有定义那意味着什么："在任何时间点，系统 S 中的每个对象都拥有一组属性。某个对象的某些属性是局部的，即这些属性与 S 中其他对象及它们的属性无关。而此对象的其他属性是相关的，即这些属性依赖于这个对象与系统 S 中其他对象的关系 ［Sundgren 74］。松德格伦（Sundgren）在随后的讨论中承认："虽然没有正式的标准，但是可以给出有用的非正式的经验法则。而且，根据我的经验，对于用户而言，在对象和属性之间做出令人满意的、直觉性的区分并不是什么大问题。"

> 在早期职业生涯中，我曾为一名高级数据建模师工作。他在我的"业绩评估"一栏中进行绩效评估时，只写了一句话："史蒂夫（Steve）需要更多地感受数据。"我花了好多年才弄明白这句话的确切含义。松德格伦（Sundgren）使用"直觉"这个术语，就像高级数据建模师给我的评语"感受数据"是一个意思。有时你只是觉得这样做是对的，但解释起来并不总是那么容易。在数据领域工作的时间越久，就越能"感受"到应该如何对数据进行分类和描述。

贝勒德（Berild）和纳奇曼斯（Nachmens）指出："我们存储对象的信息有两种，即对象的属性以及它与其他对象的关系。请注意，由于属性和关系均为关联性存储，属性和关系之间仅仅是逻辑上的区别。"［Berild］

在场景的某个地方似乎存在某个实体，与之分别对应的是各种各样的表示歧义性和/或同义词的符号。我们只需学会对其采用适当的思维方式。为了接受属性和关系之间的等价关系，我们也许需要采纳新的思维习惯。我的身高实际上不是"6 英尺"这个字符串。高度（或长度）指的是空间中的某个特定间隔。（有什么好理由不把它看作一个实体吗?）高度的测量结果可以采用多种方式记录下来。某"一天"就是你可以想到某件事已经发生的那一天。可以有多种方式来记录那"一天"的日期。你看到的颜色可能有根据不同的光波频率术语的定义，而不仅仅是"蓝色"这个词。

即使是数字，必须区分抽象的数量和表示它的各种符号。在测量数量时，从实体到符号实际上有两个步骤：

1. 通过度量单位实现从实体到抽象数字的转换。度量单位为具有密度的实体与抽象数字建立了对应关系。例如，名为"码"（yards）的度量规则用某个数字表示我的身高，这个数字与表示我的手的数目是同等性质的（我们将其映射为一个"计数"的关系）。

2. 通过数据类型、精度、基数、符号系统等实现从抽象数字到符号的转换。在"码"中表示我身高的符号有：用十进制整数表示是"2"，用二进制整数表示是"10"，用罗马数字表示是"II"，用英文单词表示是"two"。

属性的目标很少是直接的符号。几乎总是有与符号不同的目标实体。这条规则也有一些例外值得注意，但我不会把这种现象称为"属性"。如果目标仅是一个纯粹的符号，那么我宁愿称之为"命名"，我会在另一章节中进行介绍。（这种情况令人困惑。有些人更倾向认为名字、员工编号和社会保险号码是人的"属性"。这些都是完美的行业术语，但它使一些潜在的区别变得模糊了。）

当然，在实际生活中，日期、身高、经理、部门等会采取不同的处理方式。我认为，与其根据属性与关系进行分类，不如根据实体所采用的存在性（和相等性）测试的类型来进行区分，这将会更有帮助。

顺便说一句，我分享了如何通过直觉来区分关系和属性。在有些情况下用"属性"似乎更合适，而在其他情况下用"关系"似乎更合适。只是我找不到任何真正客观的区分标准来证明我的直觉是一贯正确的。

我们要善于"感受数据"。

有时我们中的一些人可能会下意识地用数据记录来表示属性。如果一个事实被描述为字段中的一个值，我们倾向于称之为属性，但是，如果它具有将两个记录链接在一起的作用，那么它就是一个关系。但这并不是定义属性和关系令人满意的基础。首先，我们可以举出很多与我们直觉相反的例子。其次，同样的事实在机器内部可以在不同时间以任意种方式表示。我们想用现实世界的术语来定义基本信息构件。但是，数据处理机制是在我们对企业建模之后实施的，而不是在此之前。

向大家推荐一种满足我们直觉的方法。让我们构建一个仅支持一种基本链接约定的建模系统，我们可以随意将其称为"属性"或"关系"。这两个术语将是同义词，我们可以任意使用其中一种。

如果这样的系统不能满足你，我希望你能确切地告诉我，当系统在看到术语"属性"或"关系"时，它所做的事情有什么不同。

属性是实体吗？

如果有人真的希望定义一个严格的属性概念，（这个人不是我）那么这是另一个令人讨厌的问题。直觉上，有些人可能会说属性本身并不是实体（无论是否考虑了关系或是目标这两个概念）。

但是，如果你认为关系是实体，而你又无法区分属性和关系，那么你还能怎么办呢？

另外，你是否认为一个属性的主题一定就是一个实体呢？我是这样认为的。但是，事实证明有些属性本身就是其他属性的主题。（这使它们成为实体）仔细检查以下信息结构，这些信息结构很可能在某些数据库中找到。

- 物体表面上某一种颜色所占的百分比。
- 某名员工领取薪水的日期。
- 某名员工孩子的年龄。

这些信息结构似乎是某个属性的属性。

那么，日期呢？它们可以还有一些属性，例如一周中的某一天或者预定的事件。在［Sharman 75］中阐述了一个关系（Relation），它的字段是月、周和星期。

属性和分类

我们可以假设某些东西是汽车，也可以假设某些东西是红色的。直觉上，我感觉第一个假设是对事物内在本质的描述，也就是分类，而第二个假设是描述事物特征的附加信息，也就是事物的属性。我一度相信分类和属性的区别是可以定义的，但不知道如何清晰地表达出来。由于有些观点在中间地带，从而降低了有效区分它们的期望值。

我也放弃了明确定义它们之间区别的想法。

选择

和其他主题一样，在属性的这个章节中我们可以通过任意的方式定义数据的结构，有时这些工作对某些人有一定的意义。

我们可以从不同角度和抽象程度优化属性的结构。我们可以将头发的颜色定义为人的一个属性。准确地说，颜色是头发的属性，而头发又是一个与人相关联的实体。同样，聘用日期是指员工和雇主之间产生聘用关系的"开始时间"。在建模过程中进行属性设计的时候，并不一定要完全按照这种方式，我们可以将聘用日期作为人的一个属性放在员工表中，而将聘用的"开始时间"作为关系属性放在员工历史信息表中。

有时候我们会说所有事物的颜色都取自同一个"域"。但是，从另一个角度来说，用于头发颜色和汽车颜色的属性值可能没有太多共同点。因此，在这两种情况下的存在性测试列表可能截然不同。

对于同一组给定的事物可以定义其为不同的字段（或属性）名称，也可以将不同的事物定义为不同的代码值存储在一个字段中。例如，对"婚姻状态"信息可以通过不同的方式进行定义：一种方式是定义一个名为"婚姻状态"的属性或字段，这个字段中允许存储"已婚""未婚"等代码值；另一种方式是将"已婚""未婚"等单独定义为字段，这两个字段的值仅仅是为了标记某一种状态，可以填写的值是表示"是"或"否"的代码。

在定义属性、分类和关系时都会出现以上定义时的情况，试想一名员工被某家公司聘用的场景：

• 在银行数据库中"公司"的概念并没有被实体化，一个人的雇主只是这个人所服务的客户的属性。

• 在这家公司的数据库中，这个人被归类到"员工"这个类型。

• 在大多数数据库中，人和公司之间产生的关系有很多种，其中一种是"受聘于"。而人和公司之间的关系可能还包含"股东""出售给""作为受益人"等。

请注意定义上下文共同的主题。

随着时间的推移，对上述类似现象的看法也会随之发生变化。这些不同的观点会随着企业信息处理需求及关注范围的变化而变得越来越适用。

例如：

• 如果几家公司的数据库进行了整合，（如为了提高薪酬发放处理的效率）"员工"实体就变成了"人"实体，它与一家"公司"实体之间也就建立了显性的关系。

• 然后，员工表中的"聘用日期"属性就变成了人与公司之间的关系属性。

• 当一家公司开始自动记录人事关系的历史记录时，员工和部门之间的关系就会从 $1:n$ 变为 $m:n$。

• 当需要保存居住地历史信息时，"地址"就变成了一个复杂的属性。

• "地址"与其定义为"人"实体中的一个属性，不如将它定义为"地点"实体中的一个属性，而"居住"就是用于表达"人"和"地址"实体的关系。

• 美国的一些州将驾照作为一种通用的身份证使用。因此，必须将所有持卡人隐性旧有的属性"许可驾驶"设为显性属性。与此类似，如果将社会保险号码扩展为纳税人识别号码，原本的社会保险号码就不保证每个号码都有一个社会保险账户了。

结论

我不会正式区分属性和关系，或者区分属性、关系和分类。尽管如此，当属性和分类使用更自然时，我还是会继续使用它们，虽然我也无法解释当时为什么使用他们感觉更加自然。最有可能的原因是，它们将与我对相关实体存在性测试的隐含假设很好地关联起来。

史蒂夫心得

- 每个属性都有一个主题：它是什么属性。然后还有目标，它与主题同时存在。最后，主题与目标之间存在着联系。
- 属性与实体、关系一样，需要区分类型和实例。
- 类型与实例、符号与文字、属性与关系——在理解上下文的内容之后才能做出合适的决定。通过问一些更高阶的问题，来保证恰当的上下文场景。例如，"建立这个数据模型的目的是什么？"
- 建立的概念越重要，这种概念成为关系和实体类型（而不是属性）的可能性就越大。
- 数据管理专业人员的经验通常会带来"感知数据"的能力。
- 符号胜于文字。身高不是字符串"6英尺"，身高是空间中的某个特定间隔，它的测量结果可以采用多种方式记录下来。某"一天"使你想到某件事已经发生的那一天。你看到的颜色，可能有根据不同光波频率术语的定义，而不仅仅是"蓝色"这个单词。单词"蓝色"代表了颜色。

第六章 子类【类型、分类和集合】

有 3 种方法可以用来对事物或者对象进行分类：

• 以"它们是什么"来分类。

• 根据事物的语义特征进行分类，指定哪些属性、关系和命名是相关及有效的。最简单的范式：遵守相同规则和约束的同类事物或对象。

• 基于记录类型的传统数据描述方法。

> 例如，一个账户可以是储蓄账户或支票账户。根据肯特的观点：第一，储蓄账户和支票账户的本质都是账户；第二，储蓄账户可能有与支票账户不同的属性和关系，反之亦然；第三，倾向于"标注"支票账户的类型是"账户"，储蓄账户的类型也是"账户"。

类型：概念的合并

类型倾向于被识别为同样一种现象，从而"实体类型"和"记录类型"概念被认为是重合的。它们通常被认为代表一种特殊的信息，在某种程度上与其他类型的信息不同。

这种"特殊类型的信息"指的是子类，其中账户是超类，储蓄账户和支票账户是两个子类，如下图所示。

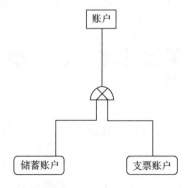

IE 表示法

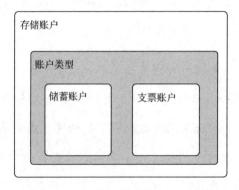

Barker 表示法

（注：译者补充）

该模型的意思是："每个账户要么是储蓄账户，要么是支票账户。每个储蓄账户是账户，每个支票账户也是账户。"顺便介绍一下子类的历史，其概念是在编写《数据与现实》第 1 版之后由克莱夫·芬克尔斯坦（Clive Finkelstein）和詹姆斯·马丁（James Martin）于 20 世纪 80 年代在基于面向对象编程技术定义中提出来的。

指导原则

子类和类型的共同点都是对事物或对象进行分组。我们假设某一事物或对象可以分成几组，其中这些组应满足以下指导原则：

1. 每个组均能反映我们对事物的直观认知，即分类。

2. 每个组提供命名规范的适用范畴，即名称的语法、唯一性规则。

3. 每个分组提供有效性约束的适用范畴。

4. 每个分组对应关系域。

5. 每一个事物或对象只能归属于一个组，不存在从一个组变到另外一个组的可能性。

6. 组之间是互斥的（没有任何事物属于两个及以上的组）——这是记录类型的弊端，但在几乎所有的定义中都是不可避免的。

在开展任何关于"类型"的讨论之前，建议优先确定好要采用哪些准则。

冲突

事实上，这些指导原则通常是不兼容的。

正如我们已经看到的，实体分类的方式是非常多变且主观的，这取决于真实使用的场景和目的。例如，一些"分类"，它们的命名规则不是统一适用的，它们的属性也不是普遍适用的。

有些人没有社会保险号码，有些人没有婚前姓氏。如果一个类型被定义为几个子类的集合，一个子类的规则和约束可能不适用于另一个子类。此外，我们通常无法明确针对每一个子类定义规则和约束。例如，定义仅针对已婚女性员工的子类。

图书可能有国际标准图书编号（ISBN）和国会图书馆编号。有些图书同时拥有两种编号，有些图书一种编号也没有，有些图书有其中的一种编号。另外，如国会图书馆编号涵盖的类别包括照片、电影、磁带、录音等，这些类别都没有 ISBN。

> 全球贸易物品编号（GTIN）是全球唯一的标识符，以确保每个产品（包括书籍、照片、电影、磁带、唱片等）都具有一个唯一的 ID。许多现有的标识符（如 ISBN）都适合 GTIN 结构。但是，即使采用这种全球性的产品识别方式，仍然会存在一些问题。例如，许多图书出版商对同一本图书的纸质版和电子版使用相同的 ISBN，但这是两种不同的媒介，正常来讲，它们属于两种不同的产品，应该具有两个不同的 ISBN。

什么是图书？

记录类型可能是唯一适用相互排斥的指导原则的概念。

这是因为数据建模者可以组成诸如流水号之类的标识符。

我推测，对于上面列表中的每一对准则，我们都可以找到一些使两者发生冲突的例子。

扩展概念

任意集合

任意集合：以满足特定谓词的事物（如与特定事物具有特定关系）或用此类条件的布尔运算组合来定义任意集合。可以基于属性值、与其他事物的关系、名称等进行分类。目前尚不清楚为什么"类型"与这些概念有所不同，也不清楚哪一个被认为是"类型"。有一些很好的理由不能使类型如此独特。

例如，应用程序可以以某种方式将分类作为属性（如字段值）。也就是说，如果某人既是员工同时又是股东，那么：

- 应用程序在处理股东记录的时候，可以将员工名称作为字段值。
- 应用程序在处理员工记录的时候，可以看到股东身份的字段。

相反，属性可以被用来为应用程序定义"明显的"分类，可能是"真实的"分类的子集。例如，一个新的应用程序可能想要处理管理人员的文件（可能还有在文件中出现的部门记录）。"管理者"似乎是为应用程序而定义的类别（即文件名或记录类型），但它在系统中被定义为"员工"类别的子集，是"工作职责类型"的属性值。

类型和组的区分非常有趣。我发现类型被保留为更加标准且被广泛认可的事物分类方式，而组往往会根据需要在实际使用场景中进行灵活的客户化的按需定义。例如，类型可能允许我们按品牌对产品进行分类。这种分类很可能是在公司级层面决定的。然而，分组可能涉及将所有冷冻产品视为一个类别来看，以确保运输集装箱具有所需的冷藏功能，这更多的是一种本地化需求，可能只是为满足运输部门的需要。

一般约束

我们并没有忘记最初的目标，即指定关于事物"分组"的规则。但现在来看，这些分组规则不必定义得如此明确，我们可以从如何识别规则适用的个体角度来讨论。规则和约束可以概括为："适用于所有满足某个谓词的事物"，谓词可能是"所有与Y有关系的X"。对于传统主义者来说，X可能是"记录类型"，Y可能是"员工"；对于集合论者来说，X是"成员"，Y是"员工"；对于其他人来说，X可能是"受聘用"，Y可能是"IBM"。

因此，这里涉及的基本构件是集合及其成员，还是实体及其关系，这是一个见仁见智的问题。

以上形式解决了"部分适用性"问题：我们可以指定"婚前姓氏"适用于所有IBM员工、女性和已婚者。

有些规则可能会约束集合之间的相互作用：两个集合可能不会重叠（相当于：如果一个关系中有了一个给定的实体，另一个关系中就不能有这个实体，反之亦然）；一个集合可能是另一个集合的子集（一个集合的定义关系暗示了另一个集合）等。

在使类型变得非排他性的过程中，我们离现实更近了一步——并尝到现实的复杂性之苦。我们现在必须处理应用于重叠集合的规则之间的交互问题。有时它们并不一致：员工可能被要求做一些被股东所禁止做的事。需要进行复杂的分析才能确保某个指定集中的大量的约束规则是完全一致的。但如果说这是重叠类型的缺点，则无异于鸵鸟把头埋在沙子里。排他性集合不能解决这个问题：它们用假装员工和股东之间没有交集来逃避这个问题。

> 排他性（也称为非重叠）子类型意味着超类可以是它的任何一个子类型，但不能超过一个。非排他性（也称为重叠）子类型，意味着一个超类可以同时包含它的多个子类型。在下面的两个模型中，排他意味着账户可以是储蓄账户或支票账户，但不能同时是两者。非专有或重叠允许一个账户既是储蓄账户又是支票账户。

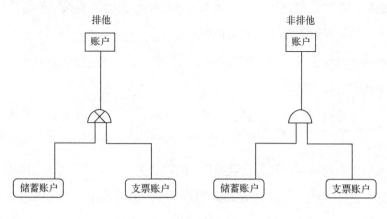

IE 表示法

在指定存在检验和等式检验方面，甚至可能出现重叠和一致性问题。当"类型"有重叠时，就会出现这种情况，其中一些成员有明确的代理，而另一些成员没有。考虑一个人事数据库，它为员工提供了明确的代理（记录），而不是为受抚养人提供。只要我们愿意，就可以把员工和受抚养人当作不相交的类别。但假如我们需要知道哪些受抚养人也是员工呢？受抚养人通常只按名称列出，而这不是员工文件中无模糊性的键。员工可能与其他人的受抚养人（或他自己的儿子）同名。很多解决方案可以被设计出来，但没有一种是完美的。

同样的情况也可能发生在银行数据库中，其中客户所在单位可能是一个简单的属性（字段值）。银行可能希望能够确定客户的所在单位是否是银行的客户。

类型

如果我们希望对类型进行明确的定义，则需要建立一个描述集合的一般性机制，并可以尝试通过加强诸如下列规则来强化"类型"的概念：

- 一些集合赋予其成员命名规则。
- 每个对象必须"属于"至少一个这样的集合（这意味着对象与适当的对象具有所需的关系）。
- 一旦是这样的集合成员，对象就不能离开集合，除非对象从系统中删除。
- 这些集合可以被称为"类型"，但本质上，它们仍然是普通的集合。

如果这并不能满足你对类型概念的理解，那么就改变规则以适合你自己的想法，并与同行交流。

集合

将集合与属性等同为集合时应谨慎（这涉及第五章中提到的歧义）。例如，可能有一个表示员工集合的对象和一个表示"员工"概念的对象，我们会试图说它们是同一个对象。我们可能已经观察到了两者之间共同的部分。某些关系模式与这两个对象并行出现：当且只有当他是员工集合的成员时，他才具有作为"员工"的属性。那么，为什么要把它们分开呢？

集合和属性

困难在于"员工"的概念中包括了多种类型的集合。我能想到的是当前的员工。(你也是这么想的，不是吗?) 但人们在许多方面，不同时期都会与"员工"这个概念有关。有些人曾经是员工，或有些人有资格成为员工，或有些人即将申请成为员工，或有些人假装是员工，或有些人拒绝成为员工等，以及这些集合的各种组合所产生新的集合。对于其他类型的概念，其他关系也可能是相关的，如"部分""几乎"或"偶尔。"

> 通常，导致一个对象属于多个集合或变更归属集合的是对象的生命周期。有资格成为员工的人可能与已退休的员工属于不同的群体。求职者和退休员工都是不同的员工群体，代表着员工可以经历的众多生命周期中的两个。

一个集合（set）由一个谓语决定，这个谓语的最简单形式包含了与一个对象之间的关系：这个"事物（things）的集合（set）"与"对象 Y"存在"关系 X"。但是不能假设"对象 Y"决定任何一个特定的集合。

- "类型"与"形成这个类型的构成物"（内涵与外延）

一个"类型"有时也被称为"一个实际发生的事物的集合"（例如，"员工"这个集合由一群员工构成）。这种观念作为非正式的概念是可以的，但是有些需要注意和小心的地方。

这里存在两个截然不同的"集合"概念。一个是"类型"的抽象，如"员工"的概念，另一个是现有的作为员工的一群人。前者是这个集合的"内涵"，后者是该集合的"外延"。而后者经常趋于变动，（如员工入职与离职）前者则不变。

简单地说，一个"类型"对应一个集合的内涵，而非其外延。"员工"的概念不因聘用或解聘人而被改变。

在某些情况下，对基于"传统集合理论的公理"而开发的一些模型要非常小心，这种集合理论只处理外延集合，完全由所构成的事物所决定。这种集合理论完全没有"构成物变动"的集合概念：每组不同的构成物构成一个不同的集合。因此这种集合理论与任何数据处理模型的相关性非常值得商榷。

另外要注意的是 Null（空的）概念。即使在没有实际员工的情况下，"员工"的概念也持续存在。不能认为由于没有员工的记录占用空间，这个（员工）概念就消失了。

这里重申一下，以上只是用来区分集合的内涵和外延的。对集合理论熟悉的人来说，以上的提醒对应了空集的存在（也就是说，即使是空的，这个集合也是存在的）。从传统集合理论的外延基础引申出的推论是：只能有一个空的集合存在。事实上，这也提供了集合理论给数论的基础：（上述的唯一）空的集合是"一"的概念的定义。

回想一下"Null"的概念，Null 的意思是空的，在将某事物标记为空时，我们认识到"空"是一个值，而并不是真正的空。这就是为什么许多人（甚至是软件工具）被空集搞糊涂了。

因此，如果所有员工都被解聘，那么员工的集合与独角兽的集合相同。两者不是两个等价的集合，而是一个单独的集合，具有不同的名称和属性。如将其两者看作是相同的集合，也不符合我们的数据模型概念："员工"和"独角兽"是两种不同的类型或概念。

外延和内涵之间的这种区别肯定了类型（集合）是与其任何成员不同的实体。可以根据实体对他们之间的关系来感知集合成员关系或类型成员关系：集合对象和成员对象。

集合的表示

集合不需要作为原始对象类型引入。它们可以概括为对象和关系。"属于"可以是描述任意对象和表示集合的对象之间的关系；"子集"可以是表示集合的两个对象之间的关系。"属于"有足够强的能力来表示和约束关系（参见第四章），集合的行为可以被建模。也就是说，我们可以指定一个派生关系：集合 X"属于"集合 Y，集合 Y 是 集合 Z 的"子集"，集合 X"属于"集合 Z。

因此，对象和关系的基本机制似乎足以涵盖类型和集合的概念。它们非常实用，因为类型和集合共有公共对象的许多特性。它们有名称（也许还有别名）和属性（创建日期、成员数量等）以及与其他事物的关系：它们是彼此的子集，我们需要负责维护它们，对它们的使用也要受到一定的约束。

史蒂夫心得

• 3 个想法有重叠性：①按照"它们是什么"来分类，这样我们就可以把储蓄和支票账户都认作账户。②需要表达事物的语义特征，因此储蓄账户可能具有与支票账户不同的属性和关系，反之亦然。③一种基于记录类型的数据描述传统，因此有一种倾向，即"标记"支票账户为类型账户，储蓄账户为类型账户。

• 细分子类是概念融合的一种有用方法。克莱夫·芬克尔斯坦（Clive Finkelstein）和詹姆斯·马丁（James Martin）在 20 世纪 80 年代基于面向对象编程技术创造了这个概念。

• 记录类型可能是唯一适用互斥准则的概念，因为数据建模者可以组成标识符。

• 如何区分类型和组并不总是很清楚。我为更标准化和公认的事物分类方法保留类型，而组则是更为定制和特殊的事物分类方法。

• 排他性，也称为非重叠，子类型意味着超级类型可以是其任何一个子类型，但每次不超过一个。非排他性，也称为重叠，子类型意味着一个超类型可以同时包含它的多个子类型。事实上，大多数类型都是重叠的。

• 通常，导致事物属于多个集合或更改集合的是生命周期。

• 扩展和内涵之间的这种区别肯定了类型（集合）是与其任何成员不同的实体。

第七章　模　型

现在回到计算机信息系统领域。能让我们回来的桥梁是"数据模型"。之所以称其为"桥梁",是因为数据模型既是表示信息的技术,同时又具有充分的结构化和简单化特征,因而可以很好地适应计算机技术的要求。

> 数据建模和数据模型是不同的。数据建模是引导业务需求并组织数据以形成数据模型的过程。数据模型是人们设计出来可以重复使用的工具,避免了反复进行相同的数据建模活动。

模型的基本概念

我们总是在文字上犯难。"模型"这个词被用得太多,以至于它所代表的含义经常被混淆。

以下是我目前能想到有关"模型"一词的定义:

模型是用于描述现实的基本构件系统。它反映了人们对事物本质最深刻的假设,可被称为"世界观"。它提供了人们在描述所有相关事务时用到的基本组件和词汇。在人类思想的广阔舞台上,一些替代模型可能由物理对象和运动组成，或者由在连续时空中静态观测的事件组成，或者由神秘力量或精神力量的相互作用组成，等等。

> 我将数据模型定义为一组描述某些信息场景的符号和文本。数据模型是一种导航工具，它可以帮助开发人员和分析人员更好地理解一系列属性和业务规则。

模型不仅仅被动地记录我们对现实世界的看法，也塑造了我们的观点，并限制了我们的认知。如果一个人的思维受制于某种特定模型，那么他就会以这种模式看待所有事物的结构，而对于不符合这种结构的事物会视而不见，甚至扭曲事物以符合他的认知模式。

语言学家早就告诉我们："……语言定义了我们的经验……因为我们无意识地将潜在的期望投射到经验里，如数字、性别、事件、时态、模式、声音、方向等一系列类别……与其说是在经验中发现的，不如说是强加在经验上的。"[萨皮尔]。

从更狭义的角度来说，数据处理领域已经发展了许多用来描述现实的模型。这些模型是高度结构化、僵化和过于简化的，可以用计算机简单、经济地进行处理。这些模型包括记录文件、表格结构、由点连接点构成的图（网络）、层次结构（树形结构）和集合等。

在这些领域中，某些人被某种数据处理技术的成功所蒙蔽，以至于他们把这种技术与信息的自然语义混为一谈。他们把信息只看作是一堆结构僵化的数据代码，而忘记了还有其他看待信息的方式——换句话说，这就是穿孔卡片的思维方式。

> 据我了解，这种技术不仅限制了信息技术专业人员的思

想，一些业务专家也经常受限于此。例如，当我采访一些用户，试图确定"他们是做什么的"时，他们经常会用他们使用的技术来表述他们的业务工作如何进行："首先我在这个系统中输入一个订单，然后这个系统告诉我库存中是否有这个产品……"

我在肯特 1978 年的序言中分享过"被污染的思维"的评论。

逻辑模型，迟早要用？

本书所涉及的所有问题都集中在逻辑模型上（参见第二章）。在逻辑模型中，企业所涉及的所有事物都必须清晰地简化为结构化描述。

逻辑模型是一个与计算机非常相关的实在的构件，就像一个程序或数据文件。企业将在逻辑模型上投入大量的时间、精力和金钱。

学习投入必不可少。尽管我们尽了最大努力，但构造逻辑模型所采用的基础形式仍是一种人工结构。这些概念不是非常直观。规则、限制和特性是必须要掌握的，因此人们需要学习某种正式的语言和操作程序。（交互功能和其他辅助设计工具可能会对人们学习有帮助，即使使用它们也需要学习。）

现在的建模工具比 1978 年的要好得多。

接下来是实际的建模工作。人们投入大量精力将模型与企业更好地相互匹配。它们之间的关系并不总是那么明显，会有很多种选择，并且需要一些反复迭代才能识别出最佳选择。为了更好地适应模型，有时需要用一种新方式来感知现实世界；有时企业会做出一些调整来适应模型（公司在实现自动化控制库存之前，采用一套全新的零件编号方案并不罕见）。但这一切都伴随着艰巨的任务，即收集和整理堆积如山的描述。

从某个项目和企业的角度看同一信息地图往往会产生两种截然不同的画面。回想一下，前面讨论的语境是多么重要。

"许多公司将在今后10年里进行一项漫长的工作，即定义它们所使用的数千种数据项类型，并逐步通过合适的模式构建数据库。对这些大量数据的描述将是一项艰巨的任务，涉及不同利益方之间的大量争论。最终，逐步构建成功的海量数据库将成为公司的主要资产之一"［Martin］。

现在我们达到这个水平了吗？詹姆斯·马丁在1975年写下了这句话。我相信大多数公司距离这种全面的、高质量的映射状态还很遥远。

最终结果将是大量的物理存在的信息。"必须强调的是……逻辑架构是一个真实的、有形的存在，它采用一些定义明确、相对标准化的语言来表述，并以机器可读的形式明确地表达出来。"［ANSI］。逻辑架构可以与程序库、系统目录或薪酬文件相提并论。想象一下圆柱形的磁盘空间以及好几英寸厚的打印材料；想象一支被灌输了特定数据概念化方法的"技术军队"，以及一群掌握了新语言和相关复杂操作程序的技术人员。

与此同时，企业或组织将在每个支撑大型系统的逻辑模型上投入大量的时间、人力和资金。逻辑模型的第 1 版架构需要非常严谨的设计。因为在这之后，任何用更好的架构去替代它的尝试，都会受到前期投入的阻力。企业和组织接受任何替代方案的速度不会比他们接受一种新的主流编程语言或操作系统的速度快，并且替代方案一直会受到兼容性和迁移要求的约束。

> 因此，在第一时间得到正确的逻辑数据模型是一个非常好的主意！

不幸的是，一些不可抗力阻碍我们刚开始就做出正确的决定。

我们刚刚进入数据描述的过渡阶段。关于数据的三层描述（包括逻辑模型）已经有很多研究和文章涉及（［ANSI］，［GUIDE-SHARE］），但还没在任何主流商业系统中被应用。它已初露端倪，它的时代即将到来。（希望 10 年后我不需要再说这句话了）

> 而现在我们还是在这么说！很多组织都有准确的物理数据模型，但仍旧缺少概念和逻辑数据模型，或者说概念和逻辑数据模型相对物理数据模型是逊色或过期的。

当前，商业系统的构建者和用户自然都希望避免任何导致系统效率和生产力降低的可能。从长远来看，让数据总体管理更有成效的新方法还没有得到令人信服的证明。

> 例如，在今天的许多敏捷开发项目中，大规模预先设计（BDUF）的想法被认为会减慢系统的实际交付速度，因而不被接受。

"我们需要更复杂的描述性模型"，这种认知的普遍性，只能逐步地实现。当未来在同一个集成数据库上运行越来越多的应用程序，且这些不同的应用程序使用的记录格式和数据结构越来越多时，这种需要会变得更突出。试图用逻辑模型反映企业所有的记录格式，同时仍旧假装用逻辑模型描述企业实体的做法将越来越显示其荒谬性。

随着数据系统应用范围的扩大，越来越多未受过计算机学科培训的人员参与其中，这些人既是终端用户，又是信息资源的管理者。这使得对复杂数据描述性方法的需求也越来越强烈。总有一天，人们会普遍认识到建立实体和关系模型、而非仅仅是数据项，这方面工作的意义和价值。我希望这种认识来得不会太迟。

> 现在我们到达这个水平了吗？我们还在"战斗"，我们
> 得花很大力气说服企业相信逻辑数据模型的必要性和价值。

现实的模型与数据的模型

在建模工作开始时，我们应该在头脑中明确一件事，那就是我们是打算描述一部分"现实"（由人创建经营的企业），还是描述数据处理活动。

> 在格雷姆·西蒙森（Graeme Simsion）所著的《数据建
> 模理论与实践》中对这个话题进行了很好的讨论。数据建模
> 到底是"设计"还是别的什么？

大多数模型描述的是数据处理活动，而非企业本身。它们假称是描述

实体类型，但所用词汇都来自数据处理活动：字段、数据项、值。命名规则也不符合我们人和事物的命名惯例：它们反映的其实是在文件中定位记录的技术（参见［Stamper 77］）。

如果不加以区分，就会导致有关符号作为角色在表示实体某些关于"领域"的混杂概念时引发混乱。

史蒂夫心得

• 数据模型是表示信息的桥梁，同时又充分地实现结构化和简单化，因此能很好地适应计算机技术的要求。

• "数据建模"是指引导业务需求并组织数据以形成"数据模型"的过程。数据模型是人们设计出来可以重复使用的工具，能避免反复进行相同的数据建模活动。

• 模型是一套用于描述现实构件的基本系统。它反映了人对事物本质最深刻的假设。

• 有些信息技术专业人员被某种数据处理技术的成功所蒙蔽，以至于把这种技术与信息的自然语义混为一谈。

• 分别从某个项目和企业的角度看同一信息场景，往往会产生两种截然不同的画面。

• 对大多数组织而言，1975 年提出的"所有属性都被理解和映射"的梦想在大多数机构中仍未成为现实。

第八章　记录模型

　　记录为数据处理提供了非常高效率的基础。它让我们能够规划出规则的存储结构，同时让我们很容易地写出处理大量数据的迭代程序。有了记录，我们就能方便地将数据划分成容易处理的单元，方便我们对数据进行移动、锁定、创建及销毁等。

　　简单地说，记录技术反映了我们寻找高效数据处理方法的努力，但它并不反映信息的原始结构。先科（Senko）指出，"记录是对特定限制性表述的一种约定，如科学计算中的数组、集合符号的扩展、关系代数的 n 源、卡片、记录、文件或商业系统的数据集以及自然语言语法的静态分类。每一种表述对其原有领域研究都有很大的价值，相应地对信息系统的研究也做出了主要贡献。尽管如此，对现实世界企业所需的不断发展的、异构且相互关联的信息结构而言，每一个表述都只能提供一种近似模拟"。[Senko 75b] Sowa 发现：从历史上看，数据库系统已演变成一种通用的数据访问方式。但它仅仅是为了解决相互独立的不同程序访问同一数据的问题。大部分数据库系统只重视如何存储或访问数据，而忽略了数据本身对用户的意义及它与企业整体运营之间的关系 [Sowa 76]。

　　记录技术就像是一种根深蒂固的思维模式，以至于我们大部分人看不到这种思维模式本身对我们形成的限制。这种情况在过去影响不大，因为当时的业务几乎可定义为对记录的处理。但是我们希望从略微不同的角度去处理逻辑模型。我们希望能反映的是信息本身而不是数据处理技术。当不同的应用程序使用不同的记录技术时，这些差异不应该导致逻辑模型的混乱。（我们也需要考虑未来数据技术的可能性，而未来的技术不一定是面向记录的。）

> 逻辑数据模型非常有价值，它独立于技术实现，因此可以被多次使用，应用到多个物理模型。甚至对于非关系型的技术（如 NoSQL），逻辑模型仍然可以适用。

当使用术语"记录"时，我脑海里呈现的是一个固定字段值的排列，这些值满足目录和程序中记录描述的约束。记录由一系列的字段描述组成，包括字段名、长度和数据类型。每一种这样的记录描述对应一种记录类型。

一个字段（有时会有多个字段联合组成）通常会被指定成为主键。主键值唯一，用于区分和识别该类记录。

就当前已知系统来说，字段名仅仅表明在记录中占用的一个空间，这个空间用于保存某类数据。字段名的任何其他语义则只能由用户去理解。

一些记录系统允许一定的灵活性，可以允许字段或者字段组合在记录中出现多次。（例如，一个链表或者一个集合）我会使用"范式系统"这个术语，来指那些不允许出现重复字段或者字段组合的系统。这沿用了关系型模型中的定义，在关系型模型的范式要求中禁止这些重复（更准确地说，是第一范式［Codd 70］，［Kent 73］）。

　　第一范式要求在这个模型中的所有属性都只包含一种业务信息，并且同一个属性在实体中最多只能出现一次。例如，在下图的两个模型中，左边的模型是没有遵循第一范式，因为有3个电话号码的字段，因此"相同"的属性出现了3次。此外，用户名字包括了客户的名和姓，因此客户的姓名包括了两段信息而不是一段信息。右边的模型是符合第一范式的，因为电话号码被分开放在了单独的表中，客户的"名"和"姓"作为两个分开的属性。

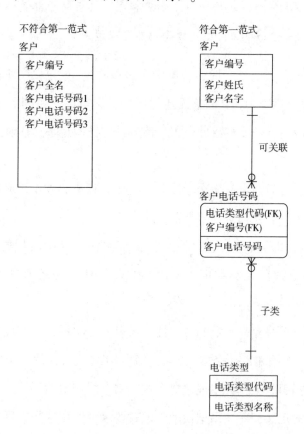

IE 表示法

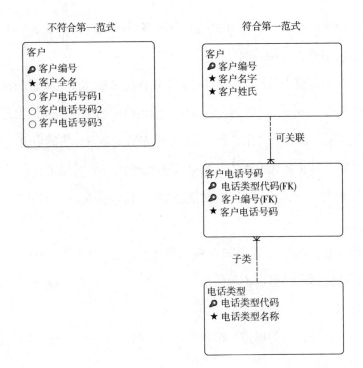

不符合第一范式

客户
- 🔑 客户编号
- ★ 客户全名
- ○ 客户电话号码1
- ○ 客户电话号码2
- ○ 客户电话号码3

符合第一范式

客户
- 🔑 客户编号
- ★ 客户名字
- ★ 客户姓氏

可关联

客户电话号码
- 🔑 电话类型代码(FK)
- 🔑 客户编号(FK)
- ★ 客户电话号码

子类

电话类型
- 🔑 电话类型代码
- ★ 电话类型名称

Barker 表示法

（注：译者补充）

语义内涵

记录关于现实世界的许多含义，都是由用户从数据中凭直觉得到的。这些含义通常被固化在某个程序处理记录的代码中。但是，如果我们不关注这些通过推理得来的含义，而是去关注记录构件本身的语义，那么我们会找到以下关于信息本质的假设：

- 任何事物只用一种类型——因为一条记录确实只有一种记录类型。我们不能为"那是什么"提供多个答案。

- 所有相同种类的事物有相同的命名规则和相同的属性——因为所有相同类型的记录拥有相同的字段。

- 一个实体使用的名字和属性的类型往往是可被预先定义好的，且较少会发生变化的——因为系统通常假设目录或词典中的记录描述是稳定的，同时我们也知道改换一个文件或者一条记录的格式是非常痛苦的事情。

- 数据和数据描述有着本质和必要的区别。我们习惯于在目录中或者在程序里包含记录的描述。数据描述独立于数据文件，也不同于数据文件。

- 特别是，两个实体间的关系名称不是信息，因为它不在数据文件里。同样，实体的类型也不是信息。（如"一条记录的内容并不会告诉我们，它其中某个字段代表的是"员工"）

- 一条记录，作为创建和销毁的单位，代表了一个实体。不能被记录所代表的就不是一个实体。

- 这些实体是我们拥有数据的唯一形式。一条记录的主键字段标识了一个实体，其余所有字段都在提供这个实体、而非其他实体的信息。（这也是单条记录格式所隐含的基本信息结构）

- 所有实体都有唯一的标识。或者说，至少所有的实体可以相互区分。这意味着，对于任何两个实体，我们肯定了解在有些事实上它们之间是不同的，以便加以区分。

- 记录中每一个事实所涉及的实体（或者属性值）都应该属于同一种类型。我们不希望看到"员工"字段中的两个人分别采取了两种不同类型的实体来表示，而记录系统没有任何方法可以让我们知道哪个特殊事件对应这个字段中哪种不同类型的实例。

- 记录中每一个事实所涉及的实体或属性值，应该有相同的名称形式

(表示)。记录不能自描述性地告诉我们应该在哪种记录中使用哪种数据类型或格式。

- 在任何地方，对实体的引用应该始终使用相同的名称（代表）。我们判断两个引用是否指向同一事物的唯一方式，就是匹配这两个引用中包含的字段。

- 实体与属性值之间以及关系与属性之间有着本质区别。这种区别与事物是否由记录表示相关。如果一个记录存在，它表示的事物就是一个实体，在字段中对它的一个引用就构成了一个关系。（如一个员工记录中的部门字段）但如果事物没有采用单独记录来表示，那么对其的引用就不会涉及任何实体和关系，它仅是一个属性值。（就像员工记录中的配偶和收入字段）

- 关系不是明晰的构件，无法用统一的方式来代表。这点非常明显，否则我们就不会使用如此多、容易混淆的方式来代表它们了。

- 多对多的关系（通常）是实体。多值属性所隐含的关联也是实体，即使它们不是关系。（这些都是因为它们由不同的记录表示导致的）但是，一对多关系（通常）不是实体。

- 关系和组合标识符是相等的现象，因为他们可以用同样的代表来表示。

类型/实例的二分法

对不同类型实体的二分法，本身是对信息做了一些限制性假设。

一个实例对应一个记录类型

当我们想使用一个记录来代表现实世界的一个实体时，将实体类型和记录类型对应起来会比较困难。例如，将"人"视为一个单一实体似乎是合理的。（我们希望在数据库中有唯一一条记录与一个人对应）但人这个实体可能有几种类型，如员工、被抚养人、客户、股东等。在当前的记录处理技术中，很难做到为每一种实体类型定义不同的记录类型，并允许一条记录实例同时对应到这几种记录类型。

另外注意，我们不是在处理简单类型嵌套和子类型：所有的"员工"是"人"，但有些客户和股东对应的可能是"机构"，而不是"人"。

为了能够适用于基于记录的原则，我们在为实体建模时，不得不假设实体间没有重叠。按照需求，我们工作的时候，会把客户和员工当成截然不同的实体，两者之间有时候用"是同一个人"来关联。这样做最多能定义一种简单的类型和子类型结构，子类型的记录可以简单地用从包含的类型中剔除不相关的字段而得到。

描述不是信息

文件中的信息主要是记录中出现的字段值。对于类似"谁管理财务部门"这样的问题，通常比较好回答，因为有数据项直接对应财务部门经理。但是这个文件很可能无法回答"亨利·琼斯和财务部是什么关系？"这类问题。文件中没有字段包含以下的输入：如"当前负责（某个部门）""曾经负责（某个部门）""借调到（某个部门）""管理（某部门）""审计（某个部门）"" （为某个部门）负责人事（工作）"等。根据记录的组织方式不同，答案通常由字段名或记录类型名组成，它们并不包含在数据库中。对于一个不熟悉从这个数据库查询信息的人来说，很难清楚为什么有些问题可以查询，有些问题无法查询。

这不仅是得不到答案的事情，而且查询接口或界面本身没有提供如何组织问题的方法。数据管理系统也没有提供查询这类问题的方法，因为这类问题的答案会涉及字段名或记录类型。

让我们来尝试考虑以下问题：

1. 财务部门有多少员工？

2. 各部门员工平均人数是多少？

3. 各部门中目前的员工人数最多是多少？

4. 各部门中允许最多的员工人数是多少？

5. 财务部门还能聘用多少员工？

如果公司政策已经确定了员工人数上限，一些具备高级校验功能的系统，通常会把员工人数上限作为约束条件写在数据库之外的数据库描述中。当然"小白"查询者仍然不知道如何组织最后两个问题。"小白"他很可能会发现，另一些具有规则或约束的内容能够从数据库中直接获取答案。如销售配额、部门预算、员工人数、安全标准等。唯一的区别是，有些约束是由系统层面强制执行的，有些则不是。但查询者对这些是不关心的。

我们需要找到一种使用相同格式，并存在于同一个数据库的方法来表示这些约束信息。约束信息作为普通信息保存，但通过附加的特征来标识哪些需要由数据处理系统强制执行。

就更新特征而言，描述和约束，与其他数据有着本质的不同。更新意味着在系统表现上的差异，从校验流程的变化，到格式变化引起的物理文件重新组织。但就信息检索的目的而言，描述和约束，与其他数据不应该有本质不同。甚至从用户理解的更新操作而言，也不应该有很大的不同。只要仔细控制好权限，并让结果传递到系统中即可。

规律（一致）性

当某种实体类型所有实体属性一致时，记录结构会非常有效。一般来说，所有的实体应该遵循相同的命名规范，（如全都应有主键字段）且所有实体都能参与到相同的关系中。

更基本的假设是，所有实体具有相同类型的属性。虽然可以有例外，但基本要求是所有同类的记录都有相同的字段属性。当然前提条件是可以从数据中提取字段名称。

越是偏离了这种一致性，记录的配置就会越不合适。虽然有些方案可以弱化记录结构中这些差异，但需要谨慎使用。如果实体实例之间存在很大差异时，那么这种解决方案就会变得很烦琐，而且效率低下。这些方案包括：

- 记录格式包括所有相关字段。在这种格式中，每个记录并非所有字段都有值。因此，许多记录会存在空值字段。

- 将相同的字段在不同的记录中定义为不同的含义。遗憾的是，这种做法从来没有定义到系统。对系统处理而言，在出现的每个记录中这个字段的意义都是相同的。这个字段当然只是一个字段名，且通常是完全无含义的，如 CODE 或 FIELD1。只有应用程序中的隐含逻辑，才能知道这些字段的具体意义，以及在不同记录中它们的不同含义。

可以想到许多实体类型，它们会有相当大的属性差异，如人类、工具、服装、家具、车辆等。在服装的记录文件中，通常会涉及以下字段（及其含义）：尺寸、腰围尺寸、颈部尺寸、袖长、长袖或短袖、罩杯尺寸、内长、纽扣或拉链、性别、面料类型、鞋跟尺寸、宽度、颜色、图案、件、季节、数量、衣领样式、袖口、领口、袖子样式、重量、喇叭形、皮带、防水、正式或休闲、年龄、口袋、运动，是否可洗等。

对于其他实体类型，你也可以做类似尝试，或者尝试扩展一下上面这个列表。

我同意肯特的观点，上述两种为在同一实体类型中容纳不同的记录，而提供的解决方案都不是最佳的。第一种方式，即定义记录包括所有相关字段的组合，会导致结构难以分析。第二种方式，定义相同的字段在不同的记录中有不同的含义。尽管在一些商业软件中经常看到这种方式，以类似"用户自定义字段1""杂项字段25"之类的名称来掩饰。但这样做，会导致之后需要做大量工作来弄清楚这些字段的真正含义。

至少有2种比较好的实体类型建模的方法来处理存在不同的属性的实体。在下面的段落中，我会继续使用肯特这个服装类型实体来尝试说明。

一种做法就是把所有共有属性放在实体类型中，使用通用领域实体容纳所有其他数据元素，如下面例子所示。

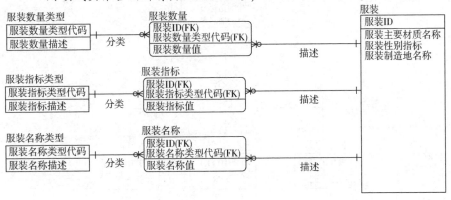

IE 表示法

实体类型服装会包括所有共有属性，在上例中仅展现了
3条。我们很容易处理鞋跟尺码，因为它是一个服装数量的
实体实例，当每个服装实体实例需要鞋跟尺码属性时都可以
找到它。服装数量这个实例的描述中会包含"鞋跟尺码"，
因此不会丢失属性的名称。拉链的类型将在"服装指标类
型"中定义，每个需要这个属性的服装实例，都会在"服装
指标类型"中对应有一个实例值。同样地，样式名称会在
"服装名称类型"中列出，然后每个需要样式类型的服务实
例都会被引用。

另一种做法是使用子类型，将所有公共属性放入父类型
中，并将其独有的属性放到子类型中。仍然参照服装这个例
子，我们可以把"鞋跟尺码"放到鞋子子类型中，"样式名
称"放到衬衫子类型中，"拉链的类型"放到裤子类型中。
参考下图。

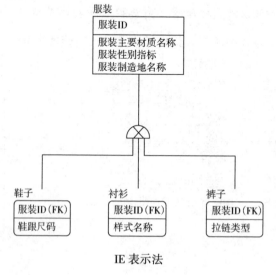

IE 表示法

命名实践

如果实体是名称（代表），它是唯一的，（不存在同物异名、歧义等情况）且同类型的所有实体有相同的命名格式，则记录结构是最好用的。在这种情况下，可以为实体的字段指定单一格式。对相同实体的引用也很容易被发现，因为只需要匹配字段内容即可。

但现实情况下，实体通常不会这么简单。例如，一家跨国公司的员工不一定全部拥有社会保险号码（身份证号）、员工编号（不同国家的格式可能不一样）。但很多员工可能同时拥有两个号码，而有些员工同时拥有几个社会保险号码。再比如，有些出版图书没有 ISBN（国际标准书号），有些图书没有 LCCN（国会图书馆编号），另外一些图书可能这两个号码都没有。而很多图书可能同时拥有这两个号码，有的书甚至有几个 ISBN。LCCN 比 ISBN 应用范围要广，除了给图书使用外，还会应用到电影、唱片和其他出版物上。石油公司有为自己的油井命名的惯例，美国石油协会也为一些油井指定了"标准"的名称——但不是所有的。

一般情况下，记录系统不能处理只有部分合规的名称。如果应用程序需要使用系统中记录，需要遵从一些命名约定来兼容处理对应类型记录下可能出现的实体名称。

就数据的结构和描述而言，同义词根本没有被管理。如果两个不同的记录中都有员工号码字段，系统可以感知到部分记录对应同一个人。（这实际是关系型模型中用于表示关系的基本方法。匹配的字段意味着两个记录是相关的，并且可以使用 join 语句。）但是，如果另一个记录中包含的是社会保险号码，这个信息就完全被丢失了。系统并不认为这些记录之间存在关系。对这些记录可能指向同一批人的怀疑，这只能存在于用户的脑子里或者程序的处理逻辑中。

而以上还没有包括简单同义词的情况。很多技能、工作、公司、人、肤色等，都不止一个名称。当然我们还要考虑多语言的情况。一个日期数据，我们都有很多种表达方式。根据选择的度量单位、数据类型、进制的不同，可量化的内容可以有很多种不同的记录方式。我们的系统在处理这些问题时通常是不一致的：它们在某些情况下可以借助转换算法来处理，但在其他情况下却不能。

在基于记录的系统中，不同记录中的不同表示可能对应同一个实体进行建模通常是非常困难的（cf.［Stamper 77］，［Hall 76］，［Falkenberg 76b］，［Kent 77a］）。

最明显的例子就是我们无法很好地管理邮件列表。我一直不知道如何向我的一些非技术朋友解释，为什么复杂的现代计算机都不能消除邮件列表中的重复。一个人在书写、缩写或强调他的名字或地址的方式时，最细微的变化就足以使系统感到困惑，并使系统无法识别为同一个人。

　　你可能会认为肯特关于正确获取邮件列表数据的观点在过去的 40 年中已经得到了解决，而事实上并没有。我有一个小众的癖好，就是收集各种奇怪的数据情况的例子，这些例子揭示了信息上存在的问题以及建模方式。下面是一封我最近接收到的真实邮件，邮件地址是正确的，但看看是写给谁的？"FLname、LName"，没错，这还是一份给我的"独家邀请"！

结构化名称

当实体的同义词存在不同类型的结构时，事情会变得更加复杂。一个人的名字可以包括 3 个字段，即名称、中间名称以及姓氏，而他的其他同义词，如员工号码、社会保险号码都只有 1 个字段。日期（如果认为它是一个实体的话）在传统表达方式里也有 3 个字段，但是在天文学中使用的儒略日表示中，只有 1 个字段。（儒略日是在儒略周期内以连续的日数计算时间的计时法，1977 年的最后一天是 77 365。）因此，涉及一个人或一个日期的每一种关系都有很大的不确定性，这不仅仅与字段中可能出现的多种表示有关，同时还与记录中出现的名称字段数量有关。因此，人和日期（如生日）之间的二元关系可以表示为 2 个、4 个或 6 个字段，这取决于所选择的表示方式。但这仍是一种二元关系。因此，关系程度和用于表示关系的字段数量之间没有太大的关系。

请注意，这与前面有不同类型的实体的情况不同。这里我们有相同的实体，但是名称不同。

复合名称以及关系的语义

在记录中出现的复合名称（如限定名）往往会混淆所表示关系的目的和语义（以及程度）。当复合名称本身包含关系时，这个情况更为明显。例如，员工的被抚养人的命名使用员工的编号和被抚养人的名字组合而成（参见第三章的例子）。

上例中的被抚养人可能出现在很多关系中，比如，他们有资格参加的福利计划、索赔和付款历史、作为顾问角色负责他们的员工、员工信息（因为被抚养人本身就是员工）等。从信息学角度，这个被抚养人对应的员工，与被抚养人之间本身有一种独立、不同的关系。然而，由于命名约定，这一信息在所有其他关系中被随意携带。所有其他信息都有一个定义明确的关系，必须访问该关系才能获得事实；但是对于这个特定的信息，任何关系都会携带。（当然，如果被抚养人的命名方式从限定名转换为社会保险号码，这些信息就会消失。）

一个基础的信息模型应该能够将被抚养人表示为关系中的单独实体，而不需要在每一个上下文中都将其对应的员工拖进来。如果对应用程序来说，在各种关系中显式标识被抚养人是有用的，那么可以为这些应用程序定义派生"视图"。但是底层的信息模型不需要将关系与识别混淆起来。一个给定的关系（例如，一名被抚养人和一个福利计划之间的关系）是独立于标识被抚养人的方法而存在的。这种关系不应该因为标识方式可能出现的问题或变化而受到干扰。

隐式约束

同样值得注意的是，因为记录是作为一个整体被创建或销毁的，所以在记录中收集的各种信息之间本身包含一种隐式约束。尤其在不同的实体集之间，强加了一一对应的关系。在同一个记录中维护员工编号、部门编号和工资，可以保证有工资的员工名单与此部门的员工名单完全相同（当然，在没有空值的情况下）。这是一个隐藏的约束，人们可能会认为应该在信息模型中被显式地声明。

史蒂夫心得

● 记录技术代表我们试图去找到高效处理数据的方法。它不能反映信息的自然结构。记录技术已经深入到我们的思维方式中，以至于我们往往看不到它强加给我们的局限性。

● 逻辑数据模型非常有价值，因为它独立于任何技术，因而可以被用来生成多种不同的物理模型。

● 记录的许多语义都是由用户的大脑来提供的，用户凭直觉将数据呈现为其"天然"地表达现实世界的含义。

● 文件中包括的信息，往往由记录中的字段构成。也就是说，很有可能存在一个数据项来回答"谁管理财务部门"的问题，"经理名称"应该在某个字段里可以找到。然而，有许多涉及员工和部门的查询是不容易回答的，甚至是不可能回答的。

- 许多实体类型的属性都是可变的。

- 因为记录是作为一个整体被创建或销毁的，所以记录中收集的各种信息包含了一种隐式约束。

第九章　理　念

我试图把信息按照"它真实的情况"（至少在我看来是这样）来描述，却一直被模糊和重叠的概念绊住脚步。这正是系统设计师、工程师和机械师经常对学术方法失去耐心的原因。他们通常下意识地认识到，现实的复杂性和不确定性无法控制。理论与实用之间还是有重要差异的。我们希望事物有用——起码在商业上，否则我们就成了哲学家和艺术家。

> 二八法则同样适用于数据建模。也就是说，在 20% 的时间内，我们可以完成 80% 的建模。在剩下的 20% 中避免"分析瘫痪"（过度分析以至于无法前进）。我相信，在我们的设计过程中追求完美是可以的，只要我们按时间管理遇到的"现实的复杂性和不确定性"。

现实与工具

工具和理论永远不可能完全匹配。它们有一些与生俱来的对立特性。

理论倾向于区分现象。理论具有分析性的属性，可以仔细地确定所涉及的所有不同元素和功能。统一的解释是抽象化的，关系和交互被描述，但各个元素的独特性被保留下来。

而好的工具则是多种现象的组合体。他们完成了一项功能（也可以是一揽子功能集合）。它们整合各种理论碎片，同时具备多个基本功能。为完成一项真正的工作，以上是必需的。其最终结果是有用的、必要的，并且是有利可图的。

理论趋于完整性。如果一个理论不能解释一种现象或功能的所有方面，那么它就是有缺陷的。

在这方面，工具往往不够完整。它们包含了功能中那些有用且有利可图的部分。为什么还要费心去做其他的呢？工具的合理性是经济的：它的生产和维护成本与解决问题所体现的价值保持匹配，这与理论要求的完整性无关。（1975 年，一名政府官员要求取消他的工作，因为实际上没有人需要他的服务。从理论上讲，他的工作确实有明确的职能，"完整性"会决定他的工作被保留。）

有用的工具有着定义清楚的功能和可以预期的表现。通过这些工具我们可以想方设法解决重要的问题。我们经常使用一种不是为这种问题专门设计的工具来解决问题。工具是可用的，成本不高，工作效率不低，不经常出现缺陷，不需要太多的维护，在使用过程中不需要过多的培训，不会太快或太频繁地被淘汰，对制造商有利可图；同时可信的厂商还提供质保。工具与理论并没有太多重合的特征。完整性和通用性只在一些工具可以经济地解决我们关心的许多问题之后才会被纳入考量。

因此，事情的真相可能是这样：有价值的工作可以通过将各种理论碎片融合在一起的工具来完成。这些工具的生产和维护费用是合理的。理论有助于理解，从而更好地设计工具。这种理解并不是必要的，对于构建好的工具，不靠分析的直觉同样有用，并且往往会更快地获得结果。

　　要求一种工具来完全适配任何理论可能并不现实。如果是这样的话，那么最好在我们讨论理论和工具的时候注意一下。

　　数据模型是工具。它们本身并不包含信息的"真实"结构。当我们向用户展示一个数据模型（如层次结构）时，到底发生了什么？他说："啊哈！确实，我的信息是分层结构的。我知道模型如何可以适应我的数据。"当然不是，因为他必须学会如何使用它。我们通常只是因为工具的复杂性，才认为这种学习是必要的。困难最初被认为是未能完全理解这个理论所导致，人们以为坚持不懈就能洞察理论如何适用于问题。但事实上，大部分"学习"实际上是努力想办法让问题适配工具：改变他对信息的思考方式，尝试不同的表达方式，甚至可能因为工具无法处理而放弃他预期的某些应用的需求。这个"学习"过程的大部分情况，实际上是把自己的认知加上条件，将能够让理论发挥作用的假设前提当作事实来接受，而忽略或摒弃那些理论失灵的微不足道部分。

　　工具通常与它们所解决的问题为互相交叉的关系，因为给定的工具可以应用于各种问题，而给定的问题可以用不同的工具以不同的方式解决。多功能性实际上是工具中非常理想的特性。因此，分别了解工具的各种特性和可以应用到的问题性质，这是非常有用的。

观点

　　一个逻辑模型，就其本质而言，应当能够持久——如果内容做不到的话，至少在形式上应当如此。它的内容应做出调整，以反映企业及其信息需求的变化。逻辑模型的形式——它用来表达的构件和术语——应该尽可能不受所涉及的计算机技术变化的影响。我们可以假设，人机界面将继续朝着贴近人的方向发展；数据处理技术将朝着更贴近用户天然处理信息方式的方向发展。因此，一个持久稳定的逻辑模型所基于的构件，应该尽可能接近人类感知信息的方式。

> 逻辑数据模型比物理数据模型持久得多，因为逻辑数据模型表示信息不需要考虑信息对技术的迁就。因此，当技术改变时，物理数据模型有可能改变，但逻辑数据模型可以保持不变。此外，肯特在上一段中的陈述在今天被证明是正确的："我们可以假设，人机界面将继续朝着贴近人的方向发展；数据处理技术将朝着更贴近用户天然处理信息方式的方向发展。"技术已经发展到计算机运算速度非常快、软件交互非常友好、存储空间非常便宜的地步。在许多情况下，物理数据模型实现所需的折中代价会越来越小，因此，逻辑数据模型和物理数据模型通常看起来非常相似，也许在将来的某个时候，它们看起来会完全相同。

这里或许有一个认知误区：一种隐含的假设，即存在一种所有人感知信息的"技术"，并且这一定是最自然、最容易使用的技术。遗憾的是，可能没有。毫无疑问，人脑具备多种多样的功能和思维方式。所以我们知道，有些人的思维主要是以视觉图像为基础的；有些人听到的想法是他们头脑中正在讨论的；还有一些人可能有一种不同的直觉模式，既不是视觉的，也不是听觉的。类似地，有些人可能会把头脑中的信息以表格的形式组织起来，有些人则以层次结构进行分析，而另一些人则自然而然地遵循关系网络中的路径分析方式。

我们需要从很多方面考虑数据模型的上下文。在这本书中，我们强调了上下文在范围、抽象、术语和定义中的作用。它也在可读性方面发挥了作用。也就是说，我们可以定制在模型上展示的内容以及如何向特定观众展示。对于一组用户，客户可以显示为一个包含词语"客户"的矩形，但是对于另一组用户，客户可以显示为一个图例。

这很可能是关于哪种数据模型最好、最自然、最容易学习和使用、最独立于机器等辩论的根源。各个阵营可能根据其大脑运作的方式进行划分，每个阵营都主张最适合自己大脑技术的模型。

现实观

> 我不知道我们要去哪里，但我知道无论去哪里，我们都会迷路。
>
> 萨加莎（Sagatsa）
>
> 如果您感到困惑，那正是证明了您对此重视。
>
> G. 肯特（G. Kent）

这本书提出了一种理念，即生活和现实在本质上是无形、无序、矛盾、不一致、非理性和非客观的。过去，西方的科学和哲学一直为我们提供了某种错觉，认为事实并非如此。理性的宇宙观是一种理想化的模型，只能近似于现实。近似值确实很有用，大量模型依据这个思路在预测事物的行为方面往往能够成功，它们为科学和技术提供了有用的基础。但它们最终只是对现实的近似，并且在这方面不是唯一的。

这困扰着我们许多人。我们不想面对现实的不真实。它像地震中不断震颤的地面一样令人恐惧。我们突然失去了参照点，没有了基础，除了我们的想象力和无处不在的自我意识，没有其他立足点了。

所以我们对它不屑一顾，把它当作无稽之谈、哲学、幻想。可这有什么好处呢？也许我们闭上眼睛，这种想法就会消失。

我们对物理实体，甚至对我们自己，又了解多少呢？

刘易斯·托马斯告诉我们，人类并不只是一种孤立的生物，人类更多的是成群结队的离散生物的互动共生体。我们每个人都是一个极易分裂的社会结构。[托马斯]

社会生物学家告诉我们，人类不是进化和生存的单位。我们的基因促进我们生存和延续下去，每个人只是为达到更高目的的一种生存载体。[时代杂志，1977 年 8 月 1 日]

我们宝贵的自我形象也受到来自另一个方面的挑战。有些科学家已经不太确定他们能清楚地区分"人"和"动物"，"人"可能不是一个定义明确的种类！最近的实验已经证明黑猩猩和大猩猩有能力获得语言、概念、符号、抽象特征，而这些特征是被有些人认为只能是人类的唯一显著特征。一名律师准备争辩说，这类动物有权享受法律赋予个人的一些保护——这些动物可能是"法人"。1977 年 6 月 12 日《纽约时报》杂志上的一篇文章评论道："如果猿能够使用语言，难道就不能指望它们会推理吗？如果它们能推理，那么人类和野兽之间还有什么区别呢？另外，在某些情况下，这些动物展示了与人类交谈长达 30 分钟的能力，能够结合所学的词汇来描述新的情况或对象，感知差异和相同，理解'如果……那么……'的概念，描述他们的情绪、撒谎，以句法顺序选择和使用词语、表达愿望、预测未来事件，寻求与其他物种的有符号交流，并以一个特殊的顺序……如从一个说谎的人那里得到真相……这真的是个异端的问题。我从小就是虔诚的天主教徒。人就是人，野兽就是野兽。但我现在不这么认为了。你和一只黑猩猩待上四五年，看着它长大，不得不意识到这只黑猩猩脑子里发生着和我脑子里一样的变化……"

这使我想到，我们视自己为独特智能生物的愿景也受到来自另一个方面的威胁——我们一直在与之打交道的那个方面。在某些人看来，人工智能的目标之一，如果不是赋予机器与人类竞争的智能，那又是什么呢？科幻小说中关于类人机器人的功能和人类一样，或者比人类更好的说法真是错的吗？那些有愿景的人以前多久会犯错一次？

在美国自然历史博物馆出版的月刊中，我们读到："一些未来学家……认为人类和人工智能之间的差异是一种'度'上的差异，而不是种类上的差异，并预测人类和机器之间的差距将在 2000 年左右跨越"[贾斯特罗]。数据处理人员喜欢说，员工类别是人员类别的一个子集。我们还要多久才能把动物和机器人也包括进来？我想知道，从现在开始 20 或 50 年后，这个问题对于读这本书的人来说真的会听起来愚蠢吗？

这一切对我们的自我认同感、以自我为中心的观点的看法有什么影响呢？如果我们必须再次如此彻底地重建我们的世界观（例如，哥白尼曾迫使我们这样做），那么我们对任何世界观的持久性有多大的信心呢？

我们对现实的概念被我们身体感官的偶然配置所支配。其实我们的感知非常狭隘。细菌、病毒和亚原子粒子对我们大多数人来说并不真实，星系也如此。我们真的不知道如何去认识它们。我们对运动的概念受到眼睛生理学的限制：陆地板块不会移动，但是电影却会动（一系列静止图像的组合）。我们大多数人认为陆地和岛屿是永久的、离散的实体，而很难意识到这也许是海洋当前水位现状的偶然事件。岛屿和山脉真有如此不同吗？你有没有机会观察过一个水池被填满或清空？

我们对现实的感觉受到我们眼睛所能反应的非常狭窄的频率范围所制约。想象一下，假如我们看不到"可见"光谱，却能看到紫外线、红外线、X射线或者声波！我们可能没有任何不透明物体的概念；一切都可能是半透明或透明。事物似乎有着完全不同的形状或边界。我们往往默认事物通常具有明确或固定的边界，但事物的正常模式很可能是一种不断变化的状态，如风、云或海洋中的洋流。想一下，人们是通过体表来感知温度，而不是通过可见光中的温度计量。

> 现在，技术已使我们能够捕获整个世界的非结构化数据。大量组织正在积极地存储并尝试对复杂的影像、声音和视频进行分析。

我们可能没有白天和黑夜的概念。这些概念之所以如此"真实"和"基本"，是因为我们如此依赖可见光。对我们来说，一团团热气可能看起来像"东西"，就像天上的云一样。我们可能会看到声音作为物理的东西在空气中运动，我们也可能会看到风。

或者，假设视觉以外的感觉主导了我们的世界观。宇宙中有许多动物，它们对事物存在和感知，是建立在嗅觉基础上的。对它们来说，事物的存在和感知主要是由其气味决定的。它们对事物的感觉看起来是一个偶然的、碎片化的考量。（就像事物的气味对我们而言）就像在一场大雾中，我们突然生活在一个只能听而不可见的世界中。

鲨鱼的感觉器官似乎对电现象有直接的反应。它会有什么样的现实形象，我们甚至不知道如何去想象？（对现实有什么看法，盲人甚至不知道如何想象。你能想象一下，完全不理解动词"看"的意思会是什么感觉吗？）

在某种程度上，我们都活在对现实不同的认知基础上。生物学家罗伯特·特里弗斯（Robert Trivers）评论道："传统的观点认为，自然选择有利于神经系统产生更准确的世界形象，这肯定是一个非常天真的心智进化观。"［时代杂志，1977 年 8 月 1 日］。我们大部分人的差异微不足道，但有一小部分人，表现出巨大的差异。

将你对现实的看法与物理学家或天文学家的看法进行比较。（如果你是其中之一，那么被单独拎出来作为一个具有奇特观点的人，你会有什么感觉呢？）这类人的世界观包括诸如爱因斯坦的时间和空间概念、光的粒子、光被引力弯曲、黑洞、万物加速远离其他的一切、看到几千年或数百万年前消失的事物（恒星）等常规特征。你的世界观中多久会出现这样的情况呢？

你的大脑可能不得不承认这样的观点是真实的，但你的直觉不是。我们该如何看待它呢？毕竟地球看起来是平的，不是吗？而且，不管我们受过多少教育，我们似乎都无法停止对太阳升起和落下的思考。顺便问一句，你的孩子们对这种现象的看法和你一样吗？

"再深入思考一下，如果有人在生活中非常聪明和有经验，但从未听过关于宇宙的科学发现那么对他而言大地是平坦的；太阳和月亮是较小的发光物体，每天从东边升起，穿过高空，并沉入西边。显然，它们在地下某个地方过夜。天空是由某种蓝色材料制成的倒置的碗。这些小而近的星星看起来好像是有生命的，因为它们像兔子或洞穴中的响尾蛇一样，傍晚从天空中'出来'，并在黎明时再次隐遁。'太阳系'对他没有任何意义，'引力定律'的概念非常难以理解，甚至荒谬。对他来说，身体掉落不是因为万有引力定律，而是'因为没有东西可以支撑它们'，即因为他无法想象它们还能做些什么。他不能想象没有'上'和'下'的空间，甚至没有'东'和'西'的空间。对他来说，血液不会循环，心脏也不泵血；他认为心脏是存放爱、善良和思想的地方。冷却不是热量散发，而是增加了'冷'。绿叶中的化学物质叶绿素不是绿色，而是叶中的'绿色'。要说服他放弃这些信仰是不可能的。他会断言它们是朴实的、头脑清醒的常识。这意味着他已经很满足了解这些，因为他所处的与同伴之间的交流环境，这些常识完全足够了。也就是说，这些所谓的常识在表达上足以满足他的社会需求，并且会一直保持下去，直到感觉到其他需求并需要通过表达来解决为止。"［沃尔夫］

目前，我已经处理了至少可以描述感知现实的变化。它们与我的世界观（我希望你和我的世界观一样）非常接近，因此我可以用熟悉的概念来描述它们之间的差异。但我必须承认，世界观的存在与我的世界观是如此的陌生，以至于我甚至无法掌握核心概念。一些东方哲学、各种神学、神秘崇拜都是例证。霍皮印第安人对时间和因果关系的世界观几乎无法用我们的概念词汇来表达。"我觉得，假设一个只懂霍皮语和他自己社会文化观念的霍皮人，对时间和空间有着同样的观念，通常被认为是直觉，而这些观念通常被认为是普遍存在的。尤其是，对时间没有一般的概念或直觉，认为时间是一个平稳流动的连续体。在这个连续体中，宇宙中的一切都以同样的速度前进，从未来，经过现在，进入过去……霍皮人的语言和文化隐藏着一种形而上学，正如我们所谓的天真的时空观或者相对论所隐藏的形而上学一样；然而，这两种形而上学并不相同。为了描述霍皮人对宇宙感知的结构，我们尽可能尝试在可能的范围内，通过用我们自己的语言近似地表达，试图使这种形而上学明确化，最后发现这些只有在霍皮语中才能恰当地描述，这是真的……"［Whorf］。

你和我对时间有"真正"的概念吗？当代物理学让我们相信，对于以不同速度运动的物体来说，时间以不同的速率流逝，我们该如何理解这一点呢？那个已经以接近光速旅行 1 年的宇航员已经离开我们 10 年了吗？还是反之亦然呢？

语言对我们对现实的感知有着巨大的影响。它不仅会影响我们的思维方式和思考方式，而且会影响我们最初如何看待事物。语言不仅仅是一个被动的载体来容纳我们的思想，而且对我们的思想形态有着积极的影响。"……语言产生了一种经验组织……语言首先是对感官经验流的分类和排列，从而产生了某种世界秩序……"［Whorf］。

沃尔夫引用爱德华·萨皮尔的话："人类并不是单独生活在客观世界中，也不是像通常所理解的那样孤独地生活在社会活动的世界中，而是在很大程度上受制于他们在社会表达媒介的特定语言。想象一个人不使用语言就能适应现实生活，仅仅将语言作为解决交流或思考问题的一种附带手段，这其实是不正确的。事实上，'真实世界'在很大程度上是不自觉地建立在群体的语言习惯之上……我们的所见所闻以及其他方面的经验与我们所做的非常相似，因为我们的社会化语言习惯于倾向采用某些演绎方式。"

"霍皮人有一个名词，涵盖了所有飞行的物体或生物，除了鸟，这一类由另一个名词表示……霍皮人很自然地把昆虫、飞机和飞行员都称为同一个词。在我们看来，这个类别太广泛、太包容，就像我们的某些词汇中比如'下雪'，对因纽特人来说也是不可思议。不论什么情况，我们可以用同一个词来形容降雪，如地上的雪、硬得像冰一样的雪、泥泞的雪、风吹的飞雪等。对于因纽特人来说，这个词可能无法想象。他们会说，下雪、泥泞的雪等，在感官上和操作上都是不同的，需要处理的事情也不同；他们使用不同的词汇来表达它们和其他种类的雪。而阿兹特克人又在另外一个极端比我们走得更远，'冷''冰'和'雪'都是用相同的基本单词来表示，并且有不同的结束语：'冰'是名词形式，'冷'是形容词形式，'雪'是'冰雾'［Whorf］。

当我们的语言碰巧有名词时，我们就更容易地把事物看作实体。为什么我们的语言中碰巧有名词"调度"来表示火车和时间之间的联系，而没有这样熟悉的名词来表示一个人和他的工资之间的联系呢？

我们捆绑关系的方式也受到类似的影响。如果我们认为关系包含"具有颜色"和"具有重量"，我们可能倾向于将它们合并为一个"具有"关系，而在第二个域中有几种实体。但是，如果我们碰巧使用了"称重"一词，那么就更容易认为另外一种关系本身是不同的。语言演变总存在随机事件，如我们无法为描述颜色现象使用类似的动词（"显现"可能是近似值）。

其他例子："有薪水"可以和"挣钱"相提并论，不过哪个动词可以用来描述"有身高"呢？

词汇的偶然性：我们最容易将词汇表中碰巧包含一个词的那些事物识别为实体或关系。这样一个词的出现使我们的思想集中在单一现象上。如果没有这样一个词，思想就会变得分散、不具体、不唯一。

这一切都令人很不满意。其与现实哲学的一致性（甚或是必要的，而不仅仅是一致性的）是我看不到它在应用中有任何一致性。我必须接受在接受这些观点的过程中存在的悖论。毕竟我不是外星生物。我对世界的看法和你差不多。我有一个名字，一个雇主，一个社会保险号码，一份薪水，一个出生日期等。在某些文件中对我和我的环境有相当准确的描述。

我有妻子、孩子，还有一辆车，我相信这些都是真实的。简而言之，我可以和你们分享一个非常传统的现实观点：我日常生活中大部分有用的活动都是建立在这些熟悉的基础之上。

那么，这是怎么回事呢？这些矛盾到底是什么？

我真的不太确定，但也许我可以试着从目的和范围的角度提出一个答案。我深信，没有两个人对现实的认识在每一个细节上都是相同的。事实上，一个既定的人在不同的时间段都有不同的观点（或者是琐碎的），因为事实细节总是在发生变化，或者从更广的意义来看，如我自己的观点都存在多义性。

但所有这些观点都有相当大的重叠。考虑到合适的人群，他们观点上的分歧可能会变得微不足道。减少参与人数大大提高了这种可能性。这就是我所说的"范围"：必须调和观点的人数。

此外，还有一个关于"目标"的问题。观点可以与不同程度的成功相协调，以达到不同的目标。我所说的和解是指当事各方在其世界观中与当前目标相关的那一部分的分歧是微乎其微的。当事人持有多种观点，但可以约定用其中某一种观点来达到某个目标。或者他可能会被说服改变某个观点，以达到这个目标。

如果以对真与美做出一个绝对定义为目标，那么和解的可能性为零。但是为了生存和我们日常生活的目的（相对狭义），和解的机会就会很高。我可以从杂货店买食物，让警察去追一个窃贼，而不必分享这些人对真与美的看法。这是自然选择的必然结果。我们这些幸存下来的人，在一个足够本地化的社区里，对某些基本生活要素有着共同的看法。这是任何一种社会交往的基础。

如果目标是维护仓库的库存记录，则对账的可能性会趋高。（有多高？

至少系统记录需要达到某些管理决策者可以接受的程度。）如果目标是持续维护跨国公司的人员、生产、计划、销售和客户数据，则对账的可能性会降低：因为此刻的目标更广泛，涉及的人和事更多。

因此，归根结底，我们来谈谈这种双重性。从绝对意义上讲，没有单一的客观现实。但对于我们大多数的工作目标，我们可以基于一个足够普遍的观点，这样的现实才能趋向客观和稳定。

但是，当我们试图包含更广泛的目标，并让更多的人参与进来时，实现这样一个共同观点的机会却越来越渺茫。这正是为什么这个问题在今天变得越来越重要：技术的主旨是促进更多人之间的互动，并将流程整合到服务于越来越广泛目标的整体中。正是在这种环境下，基本假设的差异将日益突出。

史蒂夫心得

- 我们希望信息至少在商业上存在价值，否则我们仅是哲学家和艺术家。因此，在数据建模中可应用二八法则。

- 理论倾向于区分每种现象。但是，好的工具却是多种现象的组合体。同理，理论趋于完整。但完整性和通用性只在一些工具可以经济地解决我们关心的许多问题之后才会纳入考量。

- 数据模型是工具。它们本身不包含"真实信息"的结构。

- 工具通常与其解决的问题有着互相交叉的关系，因为给定的工具可以应用于各种问题，而给定的问题可以用不同的工具以不同的方式解决。

- 逻辑数据模型比物理数据模型更持久，因为逻辑数据模型代表信息，而不需要考虑信息对技术的迁就。

- 我们需要考虑上下文，不仅要考虑范围、抽象、术语和定义，还要考虑可读性。

- 理性的宇宙观是一种理想化的模型，只能近似于现实。

- 语言在我们对现实的感知方面有着巨大的影响。

- 没有单一的客观现实。但对于我们大多数的工作目标，我们可以基于一个足够普遍的观点，这样的现实才能趋向客观和稳定。

参 考 文 献

[Abrial] J. R. Abrial, "Data Semantics," in [Klimbie].

[Adams] D. Adams, *The Hitchhiker's Guide to the Galaxy*, Random House, 1979.

[ANSI 75] ANSI/X3/SPARC, Study Group on Database Management Systems, Interim Report, Feb. 1975.

[ANSI 77] *The ANSI/X3/SPARC DBMS Framework*, *Report of the Study Group on Database Management Systems*, (D. Tsichritzis and A. Klug, editors), AFIPS Press, 1977.

[Armstrong] W. W. Armstrong, "Dependency Structures of Database Relationships," in J. L. Rosenfeld (ed.), *Information Processing* 74, North Holland, 1974.

[Ash] W. L. Ash and E. H. Sibley, "TRAMP: An Interpretive Associative Processor With Deductive Capabilities," Proc. 1968 ACM Nat. Conf., 144-156.

[Astrahan 75] M. M. Astrahan and D. D. Chamberlin, "Implementation of a Structured English Query Language," Comm. ACM 18 (10), Oct. 1975.

[Astrahan 76] M. M. Astrahan et al., "System R: Relational Approach to Database Management," ACM Transactions on Database Systems 1 (2), June 1976, pp. 97-137.

[Bachman 75] C. W. Bachman, "Trends in Database Management—1975," National Computer Conference, 1975.

[Bachman 77] C. W. Bachman and M. Daya, "The Role Concept in Data Models," in [VLDB 77].

[Bell] A. Bell and M. R. Quillian, "Capturing Concepts in a Semantic Net," Proc.

Symp. on Associative Information Techniques, Sept. 30-Oct. 1, 1968, Warren, Mich.

[Berild]S. Berild and S. Nachmens, "Some Practical Applications of CS4—A DBMS for Associative Databases," in [Nijssen 77].

[Bernstein 75]P. A. Bernstein, J. R. Swenson, and D. C. Tsichritzis, "A Unified Approach to Functional Dependencies and Relations," in [SIGMOD 75].

[Bernstein 76]P. A. Bernstein, "Synthesizing Third Normal Form Relations From Functional Dependencies," ACM Transactions on Database Systems 1 (4), Dec. 1976.

[Biller 76]H. Biller and E. J. Neuhold, "Semantics of Databases: The Semantics of Data Models," Technical Report 03/76, Institut fur Informatik, University of Stuttgart, Germany.

[Biller 77]H. Biller and E. J. Neuhold, "Concepts for the Conceptual Schema," in [Nijssen 77].

[Bobrow]D. G. Bobrow and A. Collins (ed.), *Representation and Understanding*, Academic Press, 1975.

[Boyce]R. F. Boyce and D. D. Chamberlin, "Using a Structured English Query Language as a Data Definition Facility," IBM Research Report RJ1318, Dec. 1973.

[Bracchi]G. Bracchi, P. Paolini and G. Pelagatti, "Binary Logical Associations in Data Modelling," in [Nijssen 76].

[C&A 70] "The Empty Column," Computers and Automation, Jan. 1970.

[Celko]J. Celko, *Joe Celko's Data Measurements, and Standards in SQL*, Morgan Kaufmann, 2010.

[Chamberlin 74]D. D. Chamberlin and R. F. Boyce, "SEQUEL: A Structured English Query Language," in [SIGMOD 74].

[Chamberlin 76a]D. D. Chamberlin, "Relational Database Management Systems," ACM Computing Surveys 8 (1), March 1976, pp. 43-66.

[Chamberlin 76b]D. D. Chamberlin et al., "SEQUEL 2: A Unified Approach to Data

Definition, Manipulation, and Control," IBM Journal of Research and Development 20 (6),
Nov. 1976, pp. 560-575.

[Chen]P. P. S. Chen,"The Entity-Relationship Model: Toward a Unified View of Data,"
ACM Transactions on Database Systems 1 (1), March 1976, pp. 9-36.

[Childs]D. L. Childs,"Extended Set Theory," in [VLDB 77].

[CODASYL 71]CODASYL Database Task Group Report, ACM, New York, April 1971.

[CODASYL 73]CODASYL DDL, Journal of Development, June 1973 (Supt. of Docs.,
U. S. Govt. Printing Office, Washington D. C., catalog no. C13. 6/2:113).

[Codd 70] E. F. Codd, "A Relational Model of Data for Large Shared Data Banks,"
Comm. ACM 13 (6), June 1970.

[Codd 71a]E. F. Codd,"A Database Sublanguage Founded on the Relational Calculus,"
in [SIGFIDET 71].

[Codd 71b]E. F. Codd,"Normalized Database Structure: A Brief Tutorial," in [SIGFI-
DET 71].

[Codd 72]E. F. Codd,"Further Normalization of the Database Relational Model," in R.
Rustin (ed.), *Database Systems* (*Courant Computer Science Symposia* 6), Prentice-
Hall, 1972.

[Codd 74] E. F. Codd and C. J. Date,"Interactive Support for Non-Programmers: The
Relational and Network Approaches," in [SIGMOD 74-2].

[Date 74]C. J. Date and E. F. Codd,"The Relational and Network Approaches: Compar-
ison of the Application Programming Interface," in [SIGMOD 74-2].

[Date 77] C. J. Date, *An Introduction to Database Systems* (*second edition*), Addison-
Wesley, 1977.

[Davies]C. T. Davies, "A Logical Concept for the Control and Management of Data,"
Report AR-0803-00, IBM, 1967.

[DBTG] Same as [CODASYL].

[Delobel] C. Delobel and R. G. Casey, "Decomposition of a Database and the Theory of Boolean Switching Functions," IBM Journal of Research and Development, 17 (5), Sept. 1973, pp. 374-386.

[Douque] B. C. M. Douque and G. M. Nijssen (eds.), *Database Description*, North Holland, 1975. (Proc. IFIP TC-2 Special Working Conf., Wepion, Belgium, Jan. 13-17, 1975.)

[Durchholz] R. Durchholz, "Types and Related Concepts," in [ICS 77].

[Earnest] C. Earnest, "Selection and Higher Level Structures in Networks," in [Douque].

[Engles 70] R. W. Engles, "A Tutorial on Database Organization," Annual Review in Automatic Programming, 7 (1), Pergamon Press, Oxford, 1972, pp. 1-64.

[Engles 71] R. W. Engles, "An Analysis of the April 1971 DBTG Report," in [SIGFIDET 71].

[Eswaran] K. P. Eswaran and D. D. Chamberlin, "Functional Specifications of a Subsystem for Database Integrity," in [VLDB 75], pp. 48-68.

[Fabun] Don Fabun, "Communications: The Transfer of Meaning," Glencoe Press, 1968.

[Fadous] R. Fadous and J. Forsyth, "Finding Candidate Keys for Relational Databases," in [SIGMOD 75].

[Fagin] R. Fagin, "Multivalued Dependencies and a New Normal Form for Relational Databases," ACM Transactions on Database Systems 2 (3), Sept. 1977.

[Falkenberg 76a] E. Falkenberg, "Concepts for Modelling Information," in [Nijssen 76].

[Falkenberg 76b] E. Falkenberg, "Significations: The Key To Unify Database Management," Information Systems 2 (1), 1976, pp. 19-28.

[Falkenberg 77] E. Falkenberg, "Concepts for the Coexistence Approach to Database Management," in [ICS 77].

[Folinus] J. J. Folinus, S. E. Madnick, and H. B. Schutzman, "Virtual Information in Database Systems," FDT (SIGFIDET Bulletin) 6(2) 1974.

[Furtado] A. L. Furtado, "Formal Aspects of the Relational Model," Monographs in Computer Science and Computer Applications, No. 6/76, Catholic University, Rio de Janeiro, Brazil, April 1976.

[Goguen] J. A. Goguen, "On Fuzzy Robot Planning," in [Zadeh].

[Griffith 73] R. L. Griffith and V. G. Hargan, "Theory of Idea Structures," IBM Technical Report TR02.559, April 1973.

[Griffith 75] R. L. Griffith, "Information Structures," IBM Technical Report TR03.013, May 1976.

[GUIDE-SHARE] "Database Management System Requirements," Joint Guide-Share Database Requirements Group, Nov. 1970.

[Hall 75] P. A. V. Hall, P. Hitchcock, and S. J. P. Todd, "An Algebra of Relations for Machine Computation," Second ACM Symposium on Principles of Programming Languages, Palo Alto, California, Jan. 1975.

[Hall 76] P. A. V. Hall, J. Owlett and S. J. P. Todd, "Relations and Entities," in [Nijssen 76].

[Hammer] M. M. Hammer and D. J. McLeod, "Semantic Integrity in a Relational Database System," in [VLDB 75].

[Hayakawa] S. I. Hayakawa, *Language in Thought and Action*, third edition, Harcourt Brace Jovanovich, 1972.

[Heidorn] G. E. Heidorn, "Natural Language Inputs to a Simulation Programming System," Report NPS-55HD72101A, Naval Postgraduate School, Monterey, 1972.

[Hoberman]S. Hoberman, *Data Modeling Made Simple*, 2nd *Edition*, Technics Publications, 2009.

[ICS 77]*International Computing Symposium* 1977, North Holland, 1975, E. Morlet and D. Ribbens (eds.). (Proc. ICS77, Liege, Belgium, April 4-7, 1977.)

[IMS]IMS/VS General Information Manual, IBM Form No. GH20-1260.

[Jardine]D. A. Jardine, *The ANSI/SPARC DBMS Model*, North Holland, 1977. (Proc. SHARE Working Conference on DBMS, Montreal, Canada, Apr. 26-30, 1976.)

[Jastrow]Robert Jastrow, "Post-Human Intelligence," Natural History 86(6), June-July 1977, pp. 12-18.

[Kent 73]W. Kent, "A Primer of Normal Forms," Technical Report TR02. 600, IBM, San Jose, California, Dec. 1973.

[Kent 76]W. Kent, "New Criteria for the Conceptual Model," in [Lockemann].

[Kent 77a]W. Kent, "Entities and Relationships in Information," in [Nijssen 77].

[Kent 77b]W. Kent, "Limitations of Record Oriented Information Models," IBM Technical Report TR03. 028, May 1977.

[Kerschberg 76a]L. Kerschberg, A. Klug, and D. Tsichritzis, "A Taxonomy of Data Models," in [Lockemann].

[Kerschberg 76b]L. Kerschberg, E. A. Ozkarahan, and J. E. S. Pacheco, "A Synthetic English Query Language for a Relational Associative Processor," Proc. 2nd Intl. Conf. on Software Engineering, San Francisco, 1976.

[Klimbie]J. W. Klimbie and K. L. Koffeman (eds.), *Database Management*, North Holland, 1974. (Proc. IFIP Working Conf. on Database Management, Cargese, Corsica, France, April 1-5, 1974.)

[Levien]R. E. Levien and M. E. Maron, "A Computer System for Inference Execution and Data Retrieval," Comm. ACM 1967, 10, 715-721.

[Lockemann] P. C. Lockemann and E. J. Neuhold (eds.), *Systems for Large Databases*, North Holland, 1977. (Proc. Second International Conference on Very Large Databases, Sept. 8-10, 1976, Brussels.)

[Martin] J. Martin, *Computer Data-Base Organization*, Prentice-Hall, 1975.

[McLeod] D. J. McLeod, "High Level Domain Definition in a Relational Database System," Proceedings of Conference on Data: Abstraction, Definition, and Structure, (Salt Lake City, Utah, March 22-24, 1976), ACM 1976.

[Mealy] G. H. Mealy, "Another Look at Data," Proc. AFIPS 1967 Fall Joint Computer Conf., Vol. 31.

[Meltzer 75] H. S. Meltzer, "An Overview of the Administration of Databases," Second USA-Japan Computer Conference, Tokyo, Aug. 28, 1975, pp. 365-370.

[Metaxides] A. Metaxides, discussion on p. 181 of [Douque].

[Mumford] E. Mumford and H. Sackman (eds.), *Human Choice and Computers*, North Holland, 1975.

[Nijssen 75] G. M. Nijssen, "Two Major Flaws in the CODASYL DDL 1973 and Proposed Corrections," Information Systems, Vol. 1, 1975, pp. 115-132.

[Nijssen 76] G. M. Nijssen, *Modelling in Database Management Systems*, North Holland, 1976. (Proc. IFIP TC-2 Working Conf., Freudenstadt, W. Germany, Jan. 5-9, 1976.)

[Nijssen 77] G. M. Nijssen, *Architecture and Models in Database Management Systems*, North Holland, 1977. (Proc. IFIP TC-2 Working Conf., Nice, France, Jan. 3-7, 1977.)

[Pirotte] A. Pirotte, "The Entity-Association Model: An Information-Oriented Database Model," in [ICS 77].

[Potts 08] C. Potts, *fruITion: Creating the Ultimate Corporate Strategy for Information Technology*, Technics Publications, 2008.

[Rissanen 73] J. Rissanen and C. Delobel, "Decomposition of Files, a Basis For Data

Storage and Retrieval," IBM Research Report RJ1220, May 1973.

[Rissanen 77] J. Rissanen, "Independent Components of Relations," ACM Transactions on Database Systems 2 (4), Dec. 1977.

[Robinson] K. A. Robinson, "Database—The Ideas Behind the Ideas," Computer Journal 18 (1), Feb. 1975, pp. 7-11.

[Roussopoulos] N. Roussopoulos and J. Mylopoulus, "Using Semantic Networks for Database Management," in [VLDB 75], pp. 144-172.

[Sapir] E. Sapir, "Conceptual Categories in Primitive Languages," Science (74), 1931, p. 578.

[Schank] R. C. Schank and K. M. Colby, *Computer Models of Thought and Language*, W. H. Freeman, 1973.

[Schmid 75] H. A. Schmid and J. R. Swenson, "On the Semantics of the Relational Model," in [SIGMOD 75], pp. 211-223.

[Schmid 77] H. A. Schmid, "An Analysis of Some Constructs for Conceptual Models," in [Nijssen 77].

[Senko 73] M. E. Senko, E. B. Altman, M. M. Astrahan, and P. L. Fehder, "Data Structures and Accessing in Database Systems," IBM Systems J. 1973, 12, 30-93.

[Senko 75a] M. E. Senko, "The DDL in the Context of a Multilevel Structured Description: DIAM II with FORAL," in [Douque], 239-257.

[Senko 75b] M. E. Senko, "Information Systems: Records, Relations, Sets, Entities, and Things," Information Systems 1 (1), 1975, pp. 1-13.

[Senko 76] M. E. Senko, "DIAM as a Detailed Example of the ANSI SPARC Architecture," in [Nijssen 76].

[Senko 77a] M. E. Senko, "Data structures and data accessing in database systems past, present, future," IBM Systems Journal 16 (3), 1977, pp. 208-257.

[Senko 77b] M. E. Senko, "Conceptual schemas, abstract data structures, enterprise descriptions," in [ICS 77].

[Shapiro] S. C. Shapiro, "The Mind System. A Data Structure for Semantic Information Processing," Rand Corp., Santa Monica, California, Aug. 1971.

[Sharman 75] G. C. H. Sharman, "A New Model of Relational Database and High Level Languages," Technical Report TR. 12. 136, IBM United Kingdom, Feb. 1975.

[Sharman 77] G. C. H. Sharman, "Update-by-Dialogue: An Interactive Approach to Database Modification," in [SIGMOD 77].

[Sibley] E. H. Sibley and L. Kerschberg, "Data Architecture and Data Model Considerations," National Computer Conference, 1977.

[SIGFIDET 71] ACM SIGFIDET Workshop on Data Description, Access, and Control, Nov. 11-12, 1971, San Diego, California, E. F. Codd & A. L. Dean (eds.).

[SIGMOD 74] ACM SIGMOD Workshop on Data Description, Access, and Control, May 1-3, 1974, Ann Arbor, Mich., R. Rustin (ed.).

[SIGMOD 74-2] Volume 2 of [SIGMOD 74]: "Data Models: Data Structure Set Versus Relational".

[SIGMOD 75] ACM SIGMOD International Conference on Management of Data, May 14-16, 1975, San Jose, California, W. F. King (ed.).

[SIGMOD 77] ACM SIGMOD International Conference on Management of Data, Aug. 3-5, 1977, Toronto, Canada, D. C. P. Smith (ed.).

[Simsion 2007] G. Simsion, *Data Modeling Theory and Practice*, Technics Publications, LLC, 2007.

[Smith 77a] J. M. Smith and D. C. P. Smith, "Database Abstractions: Aggregation," Comm. ACM 20 (6), June 1977.

[Smith 77b] J. M. Smith and D. C. P. Smith, "Database Abstractions: Aggregation and

Generalization," ACM Transactions on Database Systems 2 (2), June 1977.

[Smith 77c] J. M. Smith and D. C. P. Smith, "Integrated Specifications for Abstract Systems," UUCS-77-112, University of Utah, Sept. 1977.

[Sowa 76] J. F. Sowa, "Conceptual Graphs for a Database Interface," IBM J. Res. & Dev. 20 (4), July 1976.

[Sowa] J. F. Sowa, *Conceptual Structures: Information Processing in Mind and Machine*, Addison-Wesley, forthcoming.

[Stamper 73] R. Stamper, *Information in Business and Administrative Systems*, John Wiley, 1973.

[Stamper 75] R. Stamper, "Information Science for Systems Analysis," in [Mumford].

[Stamper 77] R. K. Stamper, "Physical Objects, Human Discourse, and Formal Systems," in [Nijssen 77].

[Sundgren 74] Bo Sundgren, "Conceptual Foundation of the Infological Approach to Databases," in [Klimbie].

[Sundgren 75] Bo Sundgren, *Theory of Databases*, Petrocelli, N. Y., 1975.

[Taylor] R. W. Taylor and R. L. Frank, "CODASYL Database Management Systems," ACM Computing Surveys 8 (1), March 1976, pp. 67-104.

[Thomas] Lewis Thomas, *The Lives of a Cell*, Viking Press, N. Y., 1974.

[Titman] P. J. Titman, "An Experimental Database System Using Binary Relations," in [Klimbie].

[Tsichritzis 75a] D. Tsichritzis, "A Network Framework for Relation Implementation," in [Douque].

[Tsichritzis 75b] D. Tsichritzis, "Features of a Conceptual Schema," CSRG Technical Report No. 56, University of Toronto, July 1975.

[Tsichritzis 76] D. Tsichritzis and F. H. Lochovsky, "Hierarchical Database Management

Systems," ACM Computing Surveys 8 (1), March 1976, pp. 105-124.

[Tsichritzis 77] D. C. Tsichritzis and F. H Lochovsky, *Database Management Systems*, Academic Press, 1977.

[Tully] C. J. Tully, "The Unsolved Problem—A New Look At Computer Science," Computer Bulletin 2 (2), Dec. 1974.

[VLDB 75] Proceedings of the International Conference on Very Large Databases, Sept. 22-24, 1975, Framingham, Mass. (ACM, New York).

[VLDB 76] (Same as [Lockemann]).

[VLDB 77] Proceedings of the Third International Conference on Very Large Databases, Oct. 6-8, 1977, Tokyo, Japan. Database 9 (2), Fall 1977; SIGMOD Record 9 (4), Oct. 1977.

[Weber] H. Weber, "D-Graphs: A Conceptual Model for Databases," in [ICS 77].

[Whorf] Benjamin Lee Whorf, *Language, Thought, and Reality*, MIT, 1956.

[Zadeh] L. A. Zadeh, K. Fu, K. Tanaka, and M. Shimura (eds.), *Fuzzy Sets And Their Applications to Cognitive and Decision Processes*, Academic Press, 1975.

[Zemanek 72] H. Zemanek, "Some Philosophical Aspects of Information Processing," in *The Skyline of Information Processing*, North Holland, 1972 (H. Zemanek, ed.).

[Zemanek 75] H. Zemanek, "The Human Being and the Automaton," in [Mumford].